FORSCHUNGSBERICHTE DES LANDES NORDRHEIN-WESTFALEN

Nr. 1899

Herausgegeben im Auftrage des Ministerpräsidenten Heinz Kühn
von Staatssekretär Professor Dr. h. c. Dr. E. h. Leo Brandt

DK 513.88

(Nr. 18 der Schriften des IIM · Serie A)

*Dr. rer. nat. Olaf Brandt*

*Rhein.-Westf. Institut für Instrumentelle Mathematik Bonn (IIM)*

# Geometrische Approximationstheorie in normierten Vektorräumen

SPRINGER FACHMEDIEN WIESBADEN GMBH 1968

Diese Veröffentlichung ist zugleich Nr. 18 der »Schriften des Rheinisch-Westfälischen Instituts für Instrumentelle Mathematik an der Universität Bonn (Serie A)«

ISBN 978-3-663-19619-8     ISBN 978-3-663-19669-3 (eBook)
DOI 10.1007/978-3-663-19669-3

© Springer Fachmedien Wiesbaden 1968
Ursprünglich erschienen bei Westdeutscher Verlag GmbH, Köln und Opladen 1968

Verlags-Nr. 011899

Gesamtherstellung: Westdeutscher Verlag

# Einleitung

Gegenstand dieser Arbeit ist die Theorie der Approximation eines Elementes aus einem normierten Vektorraum über dem Körper **R** der reellen Zahlen durch nicht leere, konvexe beschränkt-kompakte (oder abgeschlossene lokalkompakte) Teilmengen, kurz $A$-Mengen genannt. Ziel der Untersuchungen ist die Bereitstellung allgemeiner Methoden, die es gestatten, das Existenz- und Eindeutigkeitsproblem der Approximationstheorie unter einheitlicheren Gesichtspunkten zu behandeln als das bisher in der mathematischen Literatur, von wenigen Ausnahmen abgesehen [9], geschehen ist; die Allgemeinheit der verfügbaren Existenzaussagen ([5], S. 347) steht in einem sehr ungleichen Verhältnis zu den üblichen Eindeutigkeitskriterien, die oft speziell und daher künstlich und unbefriedigend erscheinen. Man betrachte etwa die Tschebyscheffsche Alternantenbedingung im Raume der stetigen Funktionen [7]; man muß sie zwar auf Grund ihres Beweises akzeptieren, aber verstehen in dem durch die allgemeinen Existenzaussagen gesteckten Rahmen kann man sie eigentlich nicht. Dieser Rahmen ist von geometrischer Natur; das Problem der Approximation eines Elementes durch eine $A$-Menge muß sich durch die geometrischen Begriffe wie Vektorraum, Kugel, Hyperebene etc. erfassen lassen. Es soll daher in dieser Arbeit das Problem der Existenz und Eindeutigkeit möglichst weitgehend geometrisiert werden, um so zu einer vereinheitlichten Approximationstheorie zu gelangen.

In Kapitel I wird ein geometrischer Existenzbeweis erbracht, der Methoden aus der Theorie der mehrwertigen Abbildungen verwendet. In Kapitel II wird zum Problem der eindeutigen Approximation Stellung genommen. Aus der Kenntnis heraus, daß strikte Normiertheit des zugrunde liegenden Raumes wohl hinreichend aber durchaus nicht notwendig für eindeutige Approximierbarkeit ist, wird der Begriff der strikten Konvexität zu einem relativierten Konvexitätsbegriff abgeschwächt, der es erlaubt, eindeutig approximierende $A$-Mengen zu charakterisieren und verschiedene Typen von Approximationsproblemen zu klassifizieren. Das Kapitel schließt mit grundsätzlichen Erörterungen zur Frage der Existenz eindeutig approximierender linearer Mannigfaltigkeiten; insbesondere wird untersucht, welche Randpunkte einer Kugel als Approximation eindeutig approximierender $A$-Mengen auftreten können und für welche Randpunkte einer Kugel das mit Sicherheit nicht der Fall ist.

Im Anhang finden sich numerische Anwendungsbeispiele eines Algorithmus zur Bestimmung von Intervallen auf dem Rande von Kugeln; dieses Verfahren hat sich als Nebenresultat bei der Einführung des relativen Konvexitätsbegriffs ergeben. Die Beispiele wurden auf der Rechenanlage IBM 7090 des IIM Bonn gerechnet.

# Inhalt

I. Das Existenzproblem in der Approximationstheorie .................... 5
   1. Mehrwertige Abbildungen ........................................ 5
   2. Eine Anwendung des Fixpunktsatzes von KY FAN auf das Existenzproblem in der Approximationstheorie ........................................ 5

II. Das Eindeutigkeitsproblem in der Approximationstheorie ................ 8
   1. Einführung in die Problematik ..................................... 8
   2. Relative strikte Konvexität ......................................... 10
   3. Ein Verfahren zur Berechnung von Intervallen, die auf dem Rande von Kugeln eines normierten Vektorraumes liegen ......................... 12
   4. Strikte $(x, V)$-Konvexität........................................... 20
   5. Stützhyperebenen von Kugeln eines normierten Vektorraumes ............ 22

Anhang: Numerische Beispiele zur Bestimmung von Intervallen auf dem Rande von Kugeln ............................................................. 32

Bezeichnungen ........................................................... 36

Literatur ................................................................ 35

# I. Das Existenzproblem in der Approximationstheorie

## 1. Mehrwertige Abbildungen

Es seien $X$ und $Y$ zwei topologische Räume; unter einer mehrwertigen Abbildung $\Gamma: X \to Y$ von $X$ in $Y$ verstehen wir eine Vorschrift, die jedem $x \in X$ eine Teilmenge $\Gamma(x)$ von $Y$ zuordnet. Derartige Abbildungen sind in der Approximationstheorie von Bedeutung, wie etwa die Abbildung zeigt, die einem Element $x$ eines normierten Vektorraumes die Menge seiner besten Approximationen durch einen Teilraum zuordnet [2]. Nach C. BERGE [1] läßt sich für mehrwertige Abbildungen ein Stetigkeitsbegriff wie folgt einführen.

**Definition 1:**

Es seien $X$, $Y$ zwei topologische Räume und $\Gamma: X \to Y$ eine Abbildung von $X$ in $Y$.

(i) $\Gamma$ heißt oberhalb-halbstetig (o.h.s.) in $x_0 \in X$ genau dann, wenn gilt:
Zu jeder offenen Menge **O**, die $\Gamma(x_0)$ enthält, gibt es eine Umgebung $U(x_0)$ von $x_0$ mit der Eigenschaft:
$x \in U(x_0) \Rightarrow \Gamma(x) \subset \mathbf{O}$

(ii) $\Gamma$ heißt oberhalb-halbstetig (o.h.s.) auf $X$ genau dann, wenn gilt:
$\Gamma$ ist o.h.s. in jedem Punkt von $X$ und das Bild $\Gamma(x)$ ist kompakt für jedes $x \in X$.

In [3] finden sich Untersuchungen zur Frage der Eindeutigkeit in der Approximationstheorie im Zusammenhang mit Stetigkeitsaussagen für eine gewisse mehrwertige Abbildung. Wir interessieren uns hier für die Frage, inwiefern die Theorie der mehrwertigen Abbildungen auch für das Studium von Existenzfragen von Bedeutung ist.

## 2. Eine Anwendung des Fixpunktsatzes von KY FAN auf das Existenzproblem in der Approximationstheorie

In [6], [1], [10] wird die folgende Fixpunkteigenschaft für mehrwertige Abbildungen angegeben:

**Fixpunktsatz** (TYCHONOFF, KAKUTANI, KY FAN)

Vor.: $X$ lokalkonvexer Vektorraum
$V$ kompakte, konvexe nicht leere Teilmenge von $X$

Beh.: Ist $\Gamma: V \to V$ eine o.h.s. mehrwertige Abbildung von $V$ in $V$,
$\Gamma(v)$ ist nicht leer und konvex für jedes $v \in V$,
dann gilt:
Es gibt ein $v^* \in V$ mit der Eigenschaft $v^* \in \Gamma(v^*)$.

Folgende Überlegung legt den Gedanken nahe, einen derartigen Fixpunktsatz auf Existenzfragen in der Approximationstheorie anzuwenden: Gegeben sei ein Element $x \in X \setminus V$ und ein Element $v \in V$. Nehmen wir an, es sei in $X$ erklärt, was unter dem Abstand zwischen $x$ und $v$ zu verstehen ist – $X$ sei etwa ein normierter Vektorraum über $\mathbf{R}$ –, dann können wir die abgeschlossene Kugel $B(x, r)$ vom Radius $r := \|x - v\|$ um $x$ betrachten. Diese Kugel hat mit $V$ einen kompakten, konvexen Durchschnitt, der nicht leer ist. Das Problem der Existenz eines Elements bester Approximation $v_x \in V$ an $x$ läuft dann auf folgende Frage hinaus: Wie weit kann man die Kugel $B(x, r)$ zusammenziehen, ohne die Menge $V$ zu verlassen; genauer, hat die in $B(x, r)$

enthaltene konzentrische Kugel $B(x, r')$ mit $r' := \mathrm{dist}\,(x, V)$ noch einen nicht leeren Durchschnitt mit $V$?

Ist $v \in V$ nicht Element bester Approximation an $x$, so kann man die Kugel $B(x, r)$ so verkleinern, daß ihr Durchschnitt mit $V$ das Element $v$ nicht enthält, aber trotzdem nicht leer ist. Dieses Verfahren bricht ab, wenn das Element bester Approximation $v_x$ an $x$ erreicht ist.

Diese Überlegung soll nun präzisiert werden; es sei $X$ ein normierter Vektorraum, $V$ eine abgeschlossene, konvexe, lokalkompakte nicht leere Teilmenge von $X$ und $x$ ein Element aus $X \setminus V$.

Dann existiert die reelle Zahl $r_0 := \mathrm{dist}\,(x, V) := \inf\limits_{v \in V} |x - v|$, und das Problem der Existenz eines Elements bester Approximation $v_x \in V$ an $x$ ist äquivalent zu der Frage, ob dieses Infimum angenommen wird.

In der mathematischen Literatur sind die verschiedensten Methoden mit Erfolg angewandt worden, um die Existenz eines Elements bester Approximation unter den obigen Voraussetzungen zu beweisen. Diese Methoden haben aber für das Hauptanliegen dieser Arbeit, das Studium der Eindeutigkeits- bzw. Mehrdeutigkeitsfrage in der Approximationstheorie, grob gesagt den Nachteil, nicht genügend hervorzuheben, daß das Eindeutigkeitsproblem überhaupt ein Problem ist und worin dieses besteht; d. h. die meisten Existenzbeweismethoden liefern keine Anhaltspunkte dafür, in welcher Richtung man Gründe für die Möglichkeit der ein- bzw. mehrdeutigen Approximation eines Elements zu suchen hat und was an geometrischer Struktur für die Untersuchung derartiger Fragen zur Verfügung steht.

Als Grundlage für die im zweiten Kapitel dieser Arbeit durchzuführende Diskussion des Eindeutigkeitsproblems soll daher die Existenz eines Elements bester Approximation mittels einer Methode bewiesen werden, die folgenden Anforderungen genügen möge:

a) Sicherung der Existenz eines Elements bester Approximation,
b) Hervorhebung der geometrischen Natur von Eindeutigkeitsproblemen

und darüber hinaus die Bedeutung der mehrwertigen Abbildungen als natürliches Werkzeug bei approximationstheoretischen Untersuchungen unterstreicht.

Um die Existenz eines Elements bester Approximation zu beweisen, betrachte man eine Abbildung von $V$ in die Menge ihrer Teilmengen; von dieser Abbildung wird nachgewiesen, daß sie einen ‚Fixpunkt' hat, der zugleich Element bester Approximation an $x$ ist. Man beachte jedoch, daß es sich hierbei nicht um einen Fixpunkt im üblichen Sinne handeln muß, sondern um einen Fixpunkt $v^*$ einer mehrwertigen Abbildung $\Gamma: V \to \mathfrak{P}(V)$; es gilt also per definitionem $v^* \in \Gamma(v^*)$, wo $\Gamma(v^*)$ *wenigstens* den einen Punkt $v^*$ enthält. Eine Darstellung der Menge der besten Approximationen in der Form $\Gamma(v^*)$ würde also ihrem Charakter, mehr- oder einpunktig zu sein, in natürlicher Weise entsprechen.

**Definition 2:**

Eine Teilmenge $V$ eines normierten Vektorraumes $X$ heißt beschränkt-kompakt genau dann, wenn jede Kugel in $X$ mit $V$ einen kompakten, möglicherweise leeren Durchschnitt hat.

Zu einem beliebig vorgegebenen Element $x \in X \setminus V$ werde eine mehrwertige Abbildung $\Gamma_x$ von $V$ in $V$ erklärt wie folgt:

$$\Gamma_x : B(x, r') \cap V \to B(x, r') \cap V, \quad r' > r_0 := \inf\limits_{v \in V} |x - v|$$

$$v \to \Gamma_x(v) := B(x, \tfrac{1}{2}(r + r_0)) \cap V \quad \text{mit} \quad r := |x - v|$$

Für diese Abbildung erhält man folgende Aussage über die Existenz eines Elements bester Approximation $v_x \in V$ an $x \in X \setminus V$:

**Satz 1**

Vor.: $(X, |\ |)$ normierter Vektorraum
$V$ nicht leere, konvexe beschränkt-kompakte (oder abgeschlossene lokalkompakte) Teilmenge von $X$
$x \in X \setminus V$

Beh.: (i) Die mehrwertige Abbildung
$\Gamma_x : B(x, r') \cap V \to B(x, r') \cap V$ mit $r' > r_0$
hat einen Fixpunkt $v_x \in \Gamma_x(v_x)$.
(ii) Die Menge $\Gamma_x(v_x)$ ist konvex.
(iii) Jedes Element aus $\Gamma_x(v_x)$ ist Element bester Approximation an $x$.

Beweis:

Wir führen den Beweis, indem wir zeigen, daß $\Gamma_x$ die Voraussetzungen des oben formulierten Fixpunktsatzes erfüllt. Zu diesem Zweck ist nachzuweisen, daß die folgenden Behauptungen richtig sind:

1) $B(x, r') \cap V$ ist eine kompakte, konvexe nicht leere Teilmenge von $X$.
2) $\Gamma_x(v)$ ist nicht leer für jedes $v \in B(x, r') \cap V$.
3) $\Gamma_x$ ist eine o.h.s. mehrwertige Abbildung von $B(x, r') \cap V$ in sich.

*ad 1)*: $B(x, r') \cap V$ ist konvex als Durchschnitt zweier konvexer Mengen, ferner nicht leer wegen $r' > r_0$. Daß $B(x, r') \cap V$ kompakt ist, folgt unmittelbar aus Definition 2, wenn $V$ beschränkt-kompakt ist; ist $V$ jedoch abgeschlossen und lokalkompakt, so muß $B(x, r') \cap V$ als abgeschlossene, konvexe Teilmenge einer lokalkompakten Menge selbst abgeschlossen, konvex und lokalkompakt sein. Ferner ist $B(x, r') \cap V$ beschränkt, kann also keine Halbgerade enthalten; folglich ist $B(x, r') \cap V$ kompakt ([5], S. 343).

*ad 2)*: Angenommen, es gäbe ein $v \in B(x, r') \cap V$ mit der Eigenschaft $\Gamma_x(v) := B(x, \frac{1}{2}(r_0 + |x - v|)) \cap V = \emptyset$; dann kann nicht gelten $|x - v| = r_0$, denn in diesem Fall wäre $\Gamma_x(v) = B(x, \frac{1}{2}(r_0 + r_0)) \cap V \ni v$. Also muß unter der obigen Annahme wegen der Infimumeigenschaft von $r_0$ die Ungleichung $|x - v| > r_0$ bestehen. Aus $r_0 < |x - v|$ folgt aber $r_0 < \frac{1}{2}(r_0 + |x - v|)$; dann muß aber wiederum wegen der Infimumeigenschaft von $r_0$ ein Element $v' \in V$ vorhanden sein mit $|x - v'| < \frac{1}{2}(r_0 + |x - v|)$. Dieses Element $v'$ liegt aber sowohl in $V$ als auch in der Kugel $B(x, \frac{1}{2}(r_0 + |x - v|))$ im Widerspruch zu unserer Annahme.

*ad 3)*: $\Gamma_x$ ist nach Definition 1 genau dann o.h.s., wenn erstens das Bild eines jeden Punktes kompakt und zweitens $\Gamma_x$ in jedem Punkt des Definitionsbereiches o.h.s. ist. Die Kompaktheitsbedingung ist klar nach 1). Es bleibt also zu zeigen, daß es zu jedem $v_0 \in B(x, r') \cap V$, $r' > r_0$, und jeder offenen Menge $\mathbf{O}$, die $\Gamma_x(v_0)$ umfaßt, eine Umgebung $U(v_0)$ von $v_0$ gibt mit: $v \in U(v_0)$ impliziert $\Gamma_x(v) \subset \mathbf{O}$.
Es sei also $v_0 \in B(x, r') \cap V$; dann ist $\Gamma_x(v_0)$ eine nicht leere Teilmenge von $X$. Da $\Gamma_x(v_0)$ sogar kompakt ist, bilden die Mengen $W_s[\Gamma_x(v_0)] := \{y \in X : \text{dist}(y, \Gamma_x(v_0)) < s\}$ ein Fundamentalsystem offener Umgebungen von $\Gamma_x(v_0)$. Daher gibt es zu jeder offenen Menge $\mathbf{O}$, die $\Gamma_x(v_0)$ umfaßt, ein $s > 0$ mit der Eigenschaft:

$$\mathbf{O} \supset W_s[\Gamma_x(v_0)] \supset \Gamma_x(v_0)$$

Die offenen Mengen $\overset{\circ}{B}\left(v_0, \frac{1}{n}\right) := \left\{y \in X : |v_0 - y| < \frac{1}{n}, n \in \mathbb{N}\right\}$ bilden ein Fundamentalsystem von offenen Umgebungen des Punktes $v_0$. Wählt man $n > \frac{1}{2s} + 1$, so gilt für jedes $v \in \overset{\circ}{B}\left(v_0, \frac{1}{n}\right)$ die Inklusion $\Gamma_x(v) \subset \mathbf{O}$; denn ist $v \in \overset{\circ}{B}\left(v_0, \frac{1}{n}\right)$, so folgt $|x-v| \leq |x-v_0| + \frac{1}{n}$ und daher

$$\Gamma_x(v) := B\left(x, \frac{1}{2}(r_0 + |x-v|)\right) \cap V \subset B\left(x, \frac{1}{2}\left(r_0 + |x-v_0| + \frac{1}{n}\right)\right) \cap V$$

$$\subset W_{\frac{1}{2(n-1)}}\left[B\left(x, \frac{1}{2}(r_0 + |x-v_0|)\right) \cap V\right] \subset W_\varepsilon\left[B\left(x, \frac{1}{2}(r_0 + |x-v_0|)\right) \cap V\right]$$

Damit sind alle drei Behauptungen bewiesen; die Abbildung hat also einen Fixpunkt: $v_x \in \Gamma_x(v_x)$.

Die Konvexität der Menge $\Gamma_x(v_x)$ folgt aus den Überlegungen zu 1); es gilt somit Teil (ii) der Behauptung unseres Satzes. Um (iii) nachzuweisen, betrachte man ein beliebiges Element $v \in \Gamma_x(v_x) = B(x, \frac{1}{2}(r_0 + |x-v_x|)) \cap V$; dann gilt $|x-v| \leq \frac{1}{2}(r_0 + |x-v_x|) = r_0$, also $|x-v| = r_0$ wegen $r_0 := \inf_{v \in V} |x-v|$. Ein Fixpunkt von $\Gamma_x$ ist folglich ein Element bester Approximation an $x$.

**Korollar:**

Ist $V$ ein endlichdimensionaler Teilraum eines normierten Vektorraumes $X$, so existiert zu jedem $x \in X$ ein Element bester Approximation $v_x \in V$ an $x$.

Denn ein endlichdimensionaler Teilraum eines normierten Vektorraumes ist abgeschlossen, konvex und lokalkompakt.

# II. Das Eindeutigkeitsproblem in der Approximationstheorie

## 1. Einführung in die Problematik

Bei der Untersuchung des Existenzproblems in Abschnitt I hatten wir eine hinreichend große Kugel $B$ um das zuapproximierende Element $x$ soweit zusammengezogen bis sie die Menge $V$ verließ; d. h. wir haben den kleinsten Durchschnitt $D(x, V) := B(x, d) \cap V$ mit $d := \inf_{v \in V} |x-v|$ gebildet und gelangten so zur Menge der Elemente bester Approximation.

Teilmengen $V$ eines normierten Vektorraumes $X$, welche die Voraussetzungen des Satzes 1 (7) erfüllen), sollen im Folgenden Approximationsmengen, kurz $A$-Mengen heißen. Für eine $A$-Menge $V$ gilt somit $D(x, V) \neq \emptyset$.

Obwohl der Fixpunktsatz keine Auskunft darüber gibt, wann dieser Durchschnitt $D(x, V)$ einelementig ausfällt, wird doch durch die Beweismethode die Frage aufgeworfen, ob sich das Eindeutigkeitsproblem ebenfalls durch einen so allgemein gehaltenen Aufwand an geometrischer Struktur behandeln läßt.

Um eine Vorstellung zu erhalten, in welcher Art von geometrischen Gegebenheiten wir die Ursache für die ein- oder mehrdeutige Lösbarkeit eines Approximationsproblems suchen wollen, betrachten wir einmal den Durchschnitt $D(x, V)$ unter speziellen Annahmen über $X$ und $V$. $D(x, V)$ ist beispielsweise höchstens einelementig, wenn auf dem Rande einer Kugel aus $X$ nicht Stücke einer Geraden liegen können; das ist eine geometrisch einleuchtende und bewiesene Tatsache, denn in allen strikt normierten Räumen $X$ haben Kugeln diese Eigenschaft ([5], S. 346). Ebenso ist geometrisch klar, daß der Durchschnitt mehr als einen Punkt enthalten kann, wenn die zugrunde liegende Norm so beschaffen ist, daß auf dem Rande einer jeden Kugel Geradenstücke vorhanden sind. Jede nicht strikte Norm, etwa die Max-Norm im Raume der auf einem kompakten, reelen Intervall stetigen Funktionen, hat diese Eigenschaft. Gehört aber ein Punkt des Durchschnitts $D(x, V)$ einem Geradenstück $(u, w) := \{z \in X: z = \alpha u + (1 - \alpha) w, 0 < \alpha < 1\}$ an, das auf dem Rande von $B(x, \text{dist}(x, V))$ liegt, so braucht selbst dann keine Mehrdeutigkeit vorzuliegen, wenn $V$ ein abgeschlossener linearer Teilraum von $X$ ist. Die Teilräume $V$ von $\mathfrak{C}[0, 1]$ mit Haarscher Bedingung haben bekanntlich diese Eigenschaft.

Wir werden also Eindeutigkeit genau dann zu erwarten haben, wenn ein Punkt des Durchschnitts $D(x, V)$ höchstens solchen Intervallen des Randes von $B(x, \text{dist}(x, V))$ angehört, die mit $V$ höchstens einen Punkt gemeinsam haben. Leider hängt aber die Lage der Intervalle auf der Kugel $B$ im allgemeinen von ihrem Zentrum, dem zuapproximierenden Element $x$, ab.

**Beispiel:**

$(X, | \ |) := (\mathfrak{C}[0, 1], \text{MAX})$

$V \subset X$ habe die Basis $v(t) := t$

$x(t) := 1 \qquad \text{für } 0 \leq t \leq 1$

$y(t) := \begin{cases} 1 & \text{für } 0 \leq t < \frac{1}{2} \\ -4t + 3 & \text{für } \frac{1}{2} \leq t \leq 1 \end{cases}$

sind zwei Elemente aus $X \setminus V$. Dann gilt für das in $V$ enthaltene Intervall $J := [\mathfrak{o}, 2t]$
$:= \{v \in X: v = \alpha \mathfrak{o} + (1 - \alpha) 2t, 0 \leq \alpha \leq 1\}$

$$J \subset D(x, V) := B(x, 1) \cap V$$
$$J \not\subset D(y, V) := B(y, 1) \cap V$$

Im ersten Fall gilt $J \cap B(x, 1) = J$ und im zweiten Fall haben wir $J \cap B(y, 1) = \{\mathfrak{o}\}$; d. h. $B(y, 1)$ verhält sich geometrisch zu $J$ wie eine strikt konvexe Kugel.

Man erkennt aus diesen allgemeinen Überlegungen, daß die Antwort auf die Frage nach eindeutiger Approximierbarkeit eines Elements $x$ von der zugrunde liegenden Norm, der $A$-Menge $V$ und sogar von $x$ selbst abhängig ist. Wir wollen daher versuchen – abweichend von der üblichen Methode, spezielle Fragen an Hand spezieller Kriterien (Alternantensatz, Orthogonalitätsbedingungen etc.) zu diskutieren –, die verschiedenen Aspekte des Eindeutigkeitsproblems unter einem gemeinsamen Gesichtspunkt zu behandeln, mit dem Ziel, etwas über den geometrischen Sinn jener Kriterien aussagen zu können. Das soll geschehen auf dem Fundament von Aussagen, welche uns der Satz 1 (7) über die Eigenschaften der Menge der Elemente bester Approximation bereitstellt: $D(x, V)$ läßt sich darstellen als Bild $\Gamma_x(v_x)$ eines Fixpunktes $v_x$ der Abbildung $\Gamma_x$, d. h. als eine konvexe, kompakte Menge, die sowohl dem Rande einer Kugel um $x$ als auch der $A$-Menge $V$ angehört; wir wissen also, daß mit zwei Punkten $u, w \in \Gamma_x(v_x)$ auch die ganze Strecke $\alpha u + (1 - \alpha) w, 0 \leq \alpha \leq 1$, zu $\Gamma_x(v_x)$ gehört. Beachten wir nun, daß eine $A$-Menge stets Strecken enthält – von dem trivialen Fall $V = \{v_x\}$ abgesehen –, so ergibt sich für uns das folgende Problem hinsichtlich des Paares $(x, V)$:

1) Existieren auf dem Rande der Kugel $B(x, d)$ mit $d := \inf_{v \in V} |x - v|$ konvexe Mengen, insbesondere als Strecken, welche das Element $v_x \in V$ enthalten?

2) Welche Lage haben derartige Strecken bezüglich der $A$-Menge $V$?

## 2. Relative strikte Konvexität

Unseren einführenden Bemerkungen gemäß werden wir für einen beliebigen normierten Vektorraum $X$ die Struktur des Randes einer Kugel hinsichtlich spezieller Konvexitätseigenschaften zu untersuchen haben, und zwar hinsichtlich solcher Eigenschaften, welche die Lage der approximierenden Teilmenge $V$ relativ zur Kugel beschreiben. Bevor wir mit der Durchführung dieses Programms beginnen, seien einige grundlegende funktionalanalytische Begriffe zusammengestellt.

**Definition 1:**

$X$ sei ein Vektorraum
  (i) $(x, y) := \{z \in X : z = \tau x + (1 - \tau)y, 0 < \tau < 1\}$
  heißt offenes Intervall von $X$
  (ii) $[x, y) := \{z \in X : z = \tau x + (1 - \tau)y, 0 < \tau \leq 1\}$
  heißt halb-offenes Intervall von $X$
  (iii) $[x, y] := \{z \in X : z = \tau x + (1 - \tau)y, 0 \leq \tau \leq 1\}$
  heißt abgeschlossenes Intervall von $X$

**Definition 2:**

$X$ sei ein Vektorraum, $V$ eine konvexe Teilmenge von $X$
$z \in V$ heißt Extremalpunkt von $V$ genau dann, wenn gilt:
$z$ gehört keinem Intervall $(x, y)$ von $V$ an, das heißt
$z \in (x, y) \subset V$ impliziert $x = z = y$

**Lemma:**

Vor.: $X$ sei ein normierter Vektorraum
  $B(\mathfrak{o}, 1)$ die abgeschlossene Einheitskugel um $\mathfrak{o}$
  $A$ und $W$ folgende stetige Abbildungen
  $A \colon X \to X$
  $\quad x \mapsto A(x) := \alpha x \qquad \alpha \in \mathbf{R} \setminus \{0\}$
  $W \colon X \to X$
  $\quad x \mapsto W(x) := x + w \qquad w \in X$

Beh.: Besitzt $B(\mathfrak{o}, 1)$ einen Extremalpunkt $v$, so ist $\alpha v$ ein Extremalpunkt von $B(\mathfrak{o}, \alpha)$ und $v + w$ ein Extremalpunkt von $B(w, 1)$.

Beweis:

Ist $v$ Extremalpunkt von $B(\mathfrak{o}, 1)$, so wollen wir annehmen, es gäbe ein Intervall $(x, y)$ mit $\alpha v \in (x, y) \subset B(\mathfrak{o}, \alpha)$; dann gibt es ein $\tau$, $0 < \tau < 1$, so daß $\alpha v = \tau x + (1 - \tau)y \in B(\mathfrak{o}, \alpha)$; dann folgt $v = \tau \dfrac{x}{\alpha} + (1 - \tau)\dfrac{y}{\alpha}$ und $|v| = \left|\tau \dfrac{x}{\alpha} + (1 - \tau)\dfrac{y}{\alpha}\right| \leq \tau \left|\dfrac{x}{\alpha}\right| + (1 - \tau)\left|\dfrac{y}{\alpha}\right| = 1$, also $v \in \left(\dfrac{x}{\alpha}, \dfrac{y}{\alpha}\right) \subset B(\mathfrak{o}, 1)$, und wir haben $\dfrac{x}{\alpha} = v = \dfrac{y}{\alpha}$, d. h. $x = \alpha v = y$ qed.

Um die zweite Behauptung zu beweisen, nehmen wir an: $v + w \in (x, y) \subset B(w, 1)$, dann gibt es wieder ein $\tau$, $0 < \tau < 1$, so daß gilt

$$v + w = \tau x + (1 - \tau)y \in B(w, 1),\ \text{also}$$

$$v = \tau x + (1 - \tau)y - w = \tau x + (1 - \tau)y - \tau w - (1 - \tau)w$$

$$= \tau(x - w) + (1 - \tau)(y - w) \in B(\mathfrak{o}, 1)$$

hieraus folgt aber, weil $v$ Extremalpunkt von $B(\mathfrak{o}, 1)$ ist, daß $x - w = v = y - w$ also $x = v + w = y$ gilt; qed.

**Definition 3:**

$X$ sei ein normierter Vektorraum, $S(o, 1)$ die Einheitssphäre von $X$
$X$ heißt strikt normiert oder strikt konvex genau dann, wenn gilt:
Jeder Punkt von $S(o, 1)$ ist Extremalpunkt von $B(o, 1)$.

Ein normierter Raum ist also genau dann nicht strikt normiert, wenn auf der Einheitssphäre ein Intervall existiert, das mehr als einen Punkt enthält; das aber schließt bekanntlich keineswegs die Existenz eindeutig approximierender $\Lambda$-Mengen aus. Wir werden daher den Begriff der strikten Normiertheit in geeigneter Weise abschwächen, um zu einer geometrischen Charakterisierung für eindeutig approximierende $\Lambda$-Mengen $V$ zu gelangen. Zur Erläuterung betrachten wir zwei verschiedene Normierungen des $\mathbf{R}^3$:

(i) $(\mathbf{R}^3, | \ |_1)$ mit $|x|_1 := +\sqrt{|x_1|^2 + |x_2|^2 + |x_3|^2}$

(ii) $(\mathbf{R}^3, | \ |_2)$ mit $|x|_2 := \underset{i=1,2,3}{\text{MAX}} |x_i|$ $\qquad x := \langle x_1, x_2, x_3 \rangle$

Will man nun ein Element $x \in \mathbf{R}^3$ durch eine Gerade, d. h. durch eine eindimensionale lineare Mannigfaltigkeit des $\mathbf{R}^3$ approximieren, welche $x$ nicht enthält, so liefert die Approximation nach der Norm $| \ |_1$ stets eine eindeutige Lösung, während die Approximation nach der Norm $| \ |_2$ sowohl ein- wie auch mehrdeutig ausführbar sein kann, je nachdem welche Lage die Gerade relativ zu der sie berührenden Kugel um $x$ hat. Es gibt also auch im $(\mathbf{R}^3, | \ |_2)$ Geraden, welche das gleiche Berührungsverhalten haben wie alle Geraden im $(\mathbf{R}^3, | \ |_1)$. Während sich aber im Beispiel (ii) die Struktur des Randes von Kugeln noch ziemlich gut überschauen läßt, wird der Sachverhalt erheblich komplizierter, wenn man zu unendlichdimensionalen normierten Vektorräumen übergeht.

Eine allgemeine funktionalanalytische Beschreibung dieser geometrischen Verhältnisse gelingt mittels der Abbildung $\Gamma_x$, die wir in Satz 1 (7) zum Nachweis der Existenz eines Elements bester Approximation konstruiert haben:

Es sei $B(x, d)$ eine beliebige Kugel des normierten Raumes $X$ und $v_x \in S(x, d)$; dann ist $v_x$ Stützpunkt einer abgeschlossenen Hyperebene $H(v_x)$. Betrachtet man nun eine beliebige Gerade $g(v_x)$ aus $H(v_x)$, die durch $v_x$ verläuft, dann ist für $r \geq d$ die Abbildung

$$\Gamma_x : B(x, r) \cap g(v_x) \to B(x, r) \cap g(v_x)$$

$$v \mapsto B(x, \tfrac{1}{2}(d + |x - v|)) \cap g(v_x)$$

im Sinne von Satz 1 (7) erklärt. Das Bild $\Gamma_x(v_x)$ eines Fixpunktes dieser Abbildung ist dann eine kompakte, konvexe Teilmenge von $g(v_x)$, zu der $v_x$ gehört. Teilmengen dieser Art sind abgeschlossene Intervalle von $X$ gemäß Definition 1 (10); diese Intervalle, kurz $g(v_x)$-Intervalle genannt, können möglicherweise zu einem einzigen Punkt, nämlich $v_x$, entarten; und das ist gerade der für das Problem der eindeutigen Approximation interessante Fall. Wir definieren daher [vgl. Definition 2 (10), Definition 3 (11)]

**Definition 4:**

Ein normierter Vektorraum $(X, | \ |)$ heißt strikt $(x, g(v_x))$-konvex genau dann, wenn gilt:

$$v_x \in (z, y) \subset B(x, d) \cap g(v_x) \text{ impliziert } z = v_x = y$$

Bemerkung:
Man kann diese Definition in verschiedenen Richtungen abwandeln; $X$ könnte etwa strikt $(x, g(v_x))$-konvex sein für jede durch $v_x$ verlaufende Gerade aus $H(v_x)$, dann wäre $v_x$ ein exponierter Punkt von $B(x, d)$ im Sinne von STRASZEWICZ ([5], S. 340); oder $X$ könnte nur strikt $(x, g(v_x))$-konvex sein für solche Geraden $g(v_x)$, die einer linearen Teilmannigfaltigkeit von $H(v_x)$ angehören; auf diesen wichtigen Fall werden wir später noch genauer einzugehen haben.

Man könnte gegen die Definition 4 einwenden, die Bedingung $v_x \in (x, y) \subset B(x, d)$ $\cap g(v_x) \Rightarrow x = v_x = y$ sei im wesentlichen eine Umformulierung des Eindeutigkeitsproblems und ließe sich daher genauso schwer diskutieren wie die Frage der eindeutigen Approximation selbst. Dem ist aber zu entgegnen, daß es gerade unsere Absicht war, eine Umformulierung des Eindeutigkeitsproblems vorzunehmen, jedoch mit dem Ziel, über ein möglichst allgemein verwendbares Kriterium zu verfügen, das sich sogar numerisch erfassen läßt.

Es wird im folgenden ein Verfahren angegeben, welches es ermöglicht, in einfachen Fällen mittels einer Rechenanlage zu entscheiden, ob auf der Sphäre $S(x, d)$ ein den Punkt $v_x$ enthaltendes $g(v_x)$-Intervall existiert und welche Endpunkte dieses Intervall hat.

### 3. Ein Verfahren zur Berechnung von Intervallen, die auf dem Rande von Kugeln eines normierten Vektorraumes liegen

Der Grund für die mehrdeutige Lösbarkeit gewisser Approximationsprobleme in einem nicht strikt normierten Vektorraum $(X, \| \|)$ liegt nach den bisherigen Untersuchungen in der Existenz von nicht entarteten Intervallen auf dem Rande $S(x, d)$ von Kugeln eines solchen Raumes einerseits und der relativen Lage dieser Intervalle zur Approximationsmenge $V$ andererseits. Es soll daher ein Verfahren entwickelt werden, welches die Bestimmung derartiger Intervalle gestattet, die ein Element bester Approximation $v_x \in S(x, d) \cap V$ mit $d := \inf_{v \in V} \|x - v\|$ enthalten.

Die Kugel $B(x, d)$ ist ein algebraisch abgeschlossener konvexer $\mathfrak{T}$-Körper von $X$; daher ist jeder Randpunkt $w_x \in S(x, d)$ Stützpunkt einer abgeschlossenen Hyperebene $H(w_x)$ ([5], S. 197); $\mathfrak{H}(w_x)$ bezeichne die Menge aller derartigen Stützhyperebenen. Insbesondere existiert stets zu jedem Element $v_x \in S(x, d) \cap V$ eine Stützhyperebene $H(v_x, V)$ – der Einfachheit halber oft auch mit $H(v_x)$ bezeichnet – an $B(x, d)$ mit $V \subset H(v_x, V)$; $\mathfrak{H}(v_x, V)$ bezeichne die Menge aller derartigen Stützhyperebenen.

Um die Sphäre $S(x, d)$ in einer Umgegend von $v_x$ zu untersuchen, betrachte man eine Hyperebene $H \in \mathfrak{H}(v_x, V)$ zusammen mit einer Geraden $g(v_x)$ aus $H$ durch $v_x \in V$; im Zusammenhang mit dem vorgelegten Approximationsproblem interessieren insbesondere die Geraden $g_v(v_x) \subset V$ mit $v \neq v_x$ $v \in V$ und $\|v\| = 1$; $\mathfrak{G}(v_x, V)$ sei die Menge aller dieser Geraden. Der Durchschnitt $D[g_v(v_x)]$ einer derartigen Geraden mit $S(x, d)$ läßt sich, wie unten gezeigt wird, numerisch ermitteln und hat offenbar folgende Bedeutung für das Problem der eindeutigen Approximierbarkeit eines Elementes $x \in X \setminus V$ durch $V$: Es gibt eine Gerade $g_v(v_x) \subset V$ mit $D[g_v(v_x)] \supset \{v_x\} \neq D[g_v(v_x)]$ genau dann, wenn sich $x$ mehrdeutig durch $V$ approximieren läßt.

Für die nachfolgende Berechnung des Durchschnitts kann ohne Beschränkung der Allgemeinheit angenommen werden, daß für das Element bester Approximation $v_x$ an $x$ gilt: $v_x = \mathfrak{o}$; das läßt sich durch eine Translation des Raumes $X$ stets erreichen. Es werde also für das Folgende angenommen: $\mathfrak{o}$ sei ein Element bester Approximation an $x$ durch einen linearen abgeschlossenen Teilraum $V$ eines normierten Vektorraumes $X$, $g_v \in \mathfrak{G}(\mathfrak{o}, v)$ eine Gerade aus $V$ durch $\mathfrak{o}$ und $v \in V$. Zur Bestimmung des Durchschnitts $D[g_v]$ von $g_v$ mit $S(x, d)$ kann man etwa wie folgt verfahren:

Man betrachte die zu $g_v$ parallele $\sigma$-Schar von Geraden

$$g_v^\sigma := \{z \in X : z = \sigma x + rv, r \in \mathbf{R}\}, 0 \leq \sigma \leq 1;$$

die zwei Schnittpunkte einer Geraden dieser $\sigma$-Schar mit der Sphäre $S(x, d)$ liefern dann den Überlegungen aus II.2. (11) entsprechend jeweils ein abgeschlossenes $g_v$-

Intervall, welches zur Geraden $g_v^0 = g_v$ parallel ist. Als Grenzintervall für $\sigma \downarrow 0$ erhält man ein Teilintervall der Geraden $g_v$, das entweder nicht entartet ist oder aber nur aus dem Punkt bester Approximation $v_x = \mathfrak{o} \in S(x, d) \cap V$ besteht. Die beiden Schnittpunkte einer Geraden der $\sigma$-Schar sollen in der Form

$$\left. \begin{array}{l} y^-(\sigma, v) = x_\sigma - \tau^-(\sigma, v)\, v \\ y^+(\sigma, v) = x_\sigma + \tau^+(\sigma, v)\, v \end{array} \right\} \quad \tau^-(\sigma, v), \tau^+(\sigma, v) \in \mathbf{R}$$

dargestellt werden mit $v \in V$, $\|v\| = 1$ und $x_\sigma := \sigma x + (1 - \sigma) v_x = \sigma x$ wegen $v_x = \mathfrak{o}$. Man erhält die gesuchten Schnittpunkte in der gewünschten Gestalt, indem man $y^-(\sigma, v)$ und $y^+(\sigma, v)$ iterativ nach dem Muster der »Regula falsi« wie folgt bestimmt:
Man erhält unter der oben gemachten Annahme, daß $\mathfrak{o}$ zur Menge der besten Approximationen gehört, unter Verwendung der Bezeichnung $d := \inf_{v \in V} \|x - v\| = \|x - v_x\| = \|x\|$:

(R 1)
$$\tau_1^+(\sigma, v) = \sigma \|x\|$$
$$y_1^+(\sigma, v) = x_\sigma + \tau_1^+(\sigma, v)\, v$$
$$\beta_1^+(\sigma, v) = \frac{d}{\|x - y_1^+(\sigma, v)\|}$$
$$z_1^+ = x + \beta_1^+ \cdot (y_1^+ - x)$$

und allgemein für den rechten Schnittpunkt:

(R 2)
$$\tau_{n+1}^+(\sigma, v) = \tau_n^+(\sigma, v) + d\,\frac{\beta_n^+(\sigma, v) - 1}{\beta_n^+(\sigma, v)}$$
$$y_{n+1}^+(\sigma, v) = x_\sigma + \tau_{n+1}^+(\sigma, v)\, v$$
$$\beta_{n+1}^+(\sigma, v) = \frac{d}{\|x - y_{n+1}^+(\sigma, v)\|}$$
$$z_{n+1} = x + \beta_{n+1}^+ \cdot (y_{n+1}^+ - x)$$

Entsprechend erhält man für den linken Schnittpunkt:

(L 1)
$$\tau_1^-(\sigma, v) = \sigma d$$
$$y_1^-(\sigma, v) = x_\sigma - \tau_1^-(\sigma, v)\, v$$
$$\beta_1^-(\sigma, v) = \frac{d}{\|x - y_1^-(\sigma, v)\|}$$
$$z_1^- = x + \beta_1^- \cdot (y_1^- - x)$$

und allgemein

(L 2)
$$\tau_{n+1}^-(\sigma, v) = \tau_n^-(\sigma, v) + d\,\frac{\beta_n^-(\sigma, v) - 1}{\beta_n^-(\sigma, v)}$$
$$y_{n+1}^-(\sigma, v) = x_\sigma - \tau_{n+1}^-(\sigma, v)\, v$$
$$\beta_{n+1}^-(\sigma, v) = \frac{d}{\|x - y_{n+1}^-(\sigma, v)\|}$$
$$z_{n+1}^- = x + \beta_{n+1}^- \cdot (y_{n+1}^- - x)$$

Eine kurze Rechnung ergibt, daß sich diese Formeln auch in der folgenden Form schreiben lassen:

$$\tau^+_{n+1}(\sigma, v) = \sigma d + \sum_{\mu=1}^{n} (d - \|x - y^+_\mu(\sigma, v)\|)$$

$$\tau^-_{n+1}(\sigma, v) = \sigma d + \sum_{\mu=1}^{n} (d - \|x - y^-_\mu(\sigma, v)\|)$$

Durch diese beiden Formeln sind zwei Folgen reeller Zahlen gegeben, welche – wie unten gezeigt wird – konvergieren und die gesuchten Schnittpunkte $y^+(\sigma, v)$, $y^-(\sigma, v)$ mit der Sphäre $S(x, d)$ liefern; es ist also zu zeigen, daß die Grenzwerte

$$\lim_{n \to \infty} \tau^+_n(\sigma, v) = \sigma d + \sum_{\mu=1}^{\infty} (d - \|x - y^+_\mu(\sigma, v)\|) =: \tau^+(\sigma, v)$$

$$\lim_{n \to \infty} \tau^-_n(\sigma, v) = \sigma d + \sum_{\mu=1}^{\infty} (d - \|x - y^-_\mu(\sigma, v)\|) =: \tau^-(\sigma, v)$$

existieren und für $y^+(\sigma, v) := x_\sigma + \tau^+(\sigma, v) v$, $y^-(\sigma, v) := x_\sigma - \tau^-(\sigma, v) v$ gilt:

$$\|x - y^+(\sigma, v)\| = d$$
$$\|x - y^-(\sigma, v)\| = d$$

Wir beweisen zunächst, daß $\|x - y(\sigma, v)\| \leq d$ gilt und führen sodann die Annahme $\|x - y(\sigma, v)\| < d$ zum Widerspruch. (Auf die Indizierung mit »+« bzw. »−« sei vorübergehend für diesen Beweis verzichtet.)

Um $\|x - y(\sigma, v)\| \leq d$ zu beweisen, zeigen wir, daß für alle $n = 1, 2, \ldots$ gilt: $\|x - y_n(\sigma, v)\| \leq d$. Es ist nach Formel (R1)

$$y_1(\sigma, v) = x_\sigma + \sigma dv, \; 0 \leq \sigma \leq 1;$$

da $y_1(\sigma, v)$ nach Konstruktion auf der Verbindungslinie zweier Punkte der konvexen Menge $B(x, d)$ liegt, ist die Ungleichung $\|x - y_1(\sigma, v)\| \leq d$ erfüllt; es sei nun $\|x - y_n(\sigma, v)\| \leq d$; dann gilt [vgl. (R2), (L2)] mit

$$z_n = x + \frac{d}{\|y_n(\sigma, v) - x\|} (y_n(\sigma, v) - x)$$

$$y_{n+1}(\sigma, v) \in \{z \in X: z = y_n(\sigma, v) + |\alpha| \cdot v, \alpha \in \mathbf{R}\}$$
$$\cap \{z \in X: z = z_n + |\beta| (x + dv - z_n), \beta \in \mathbf{R}\}$$

und es folgt

$$y_{n+1}(\sigma, v) = y_n(\sigma, v) + (d - \|x - y_n(\sigma, v)\|) v$$
$$= z_n + \frac{d - \|x - y_n(\sigma, v)\|}{d} (x + dv - z_n)$$

mit

$$1 \geq \frac{d - \|x - y_n(\sigma, v)\|}{d} \geq 0$$

auf Grund der Induktionsvoraussetzung $\|x - y_n(\sigma, v)\| \leq d$. Da also wieder $y_{n+1}(v, \sigma)$ nach Konstruktion auf der Verbindungsstrecke zweier Punkte der konvexen Menge $B(x, d)$ liegt, ist die Ungleichung $\|x - y_{n+1}(\sigma, v)\| \leq d$ ebenfalls erfüllt.

Die Glieder der Reihe

$$\tau_{n+1}(\sigma, v) = \sigma d + \sum_{\mu=1}^{n} (d - \|x - y_\mu(\sigma, v)\|)$$

sind also größer, höchstens gleich Null; ferner bilden die $\tau_n(\sigma, v)$ eine beschränkte Folge reeller Zahlen; folglich ist durch $\{\tau_n(\sigma, v)\}$ eine monotone, beschränkte Folge reeller Zahlen gegeben, daher existiert der Grenzwert

$$\tau(\sigma, v) := \lim_{n \to \infty} \tau_n(\sigma, v) = \sigma d + \sum_{\mu=1}^{\infty} (d - \|x - y_\mu(\sigma, v)\|)$$

und es gilt für das Grenzelement $y(\sigma, v) := \lim_{n \to \infty} y_n(\sigma, v) = x_\sigma + \tau(\sigma, v) v$ die Ungleichung $\|x - y(\sigma, v)\| \leq d$. Angenommen, es würde für $y(\sigma, v) = x_\sigma + \tau(\sigma, v) v$ gelten: $\|x - y(\sigma, v)\| = d' < d$; dann würde folgen wegen $\tau_{n+1}(\sigma, v) = \tau_n(\sigma, v) + (d - \|x - y_n(\sigma, v)\|)$ vgl. (R2, L2), daß $\tau_{n+1}(\sigma, v) - \tau_n(\sigma, v) = d - \|x - y_n(\sigma, v)\| \geq d - d'$ gilt; andererseits bedeutet aber die Konvergenz der Folge $\{\tau_n(\sigma, v)\}$, daß die Differenz $\tau_{n+1}(\sigma, v) - \tau_n(\sigma, v)$ für genügend großes $n$ kleiner als jedes vorgegebene $\varepsilon > 0$ gemacht werden kann.

Zusammenfassend können wir also das folgende Ergebnis festhalten: Gegeben sei eine beliebige Kugel $B(x, d)$ eines normierten Vektorraumes $X$ mit einem Randpunkt $v_x \in S(x, d)$. Dann können wir die Menge der Stützhyperebenen $\mathfrak{H}(v_x)$ an $B(x, d)$ betrachten, die $v_x$ als Stützpunkt haben. In $H(v_x) \in \mathfrak{H}(v_x)$ sei durch $g_v(v_x)$ eine durch $v$ und $v_x$ verlaufende Gerade gegeben. $g_v(v_x)$ bestimmt in der $(g_v(v_x), [v_x, x])$-Ebene nach der oben angegebenen Vorschrift eine Schar paralleler Geraden $g_v^\sigma(v_x)$, die $\sigma$-Schar.

Das Iterationsverfahren liefert dann zu jedem $\sigma \in [0, 1]$ dasjenige Intervall, welches die Kugel $B(x, d)$ aus der Geraden $g_v^\sigma(v_x)$ herausschneidet:

$$I_\sigma(v, v_x) = [y^-(\sigma, v), y^+(\sigma, v)] = [x_\sigma - \tau^-(\sigma, v) v, x_\sigma + \tau^+(\sigma, v) v]$$

für $0 \leq \sigma \leq 1$ mit

(1)
$$x_\sigma := v_x + \sigma(x - v_x)$$
$$\tau_-(\sigma, v) = \lim_{n \to \infty} \tau_n^-(\sigma, v)$$
$$\tau^+(\sigma, v) = \lim_{n \to \infty} \tau_n^+(\sigma, v)$$

Dieses Resultat eröffnet die Möglichkeit, das Bild $\Gamma_x(v_x)$ eines Fixpunktes $v_x$ der in Satz 1 (7) benutzten Abbildung angenähert in einer Weise zu beschreiben, die den Einsatz einer Rechenmaschine erlaubt. Hierzu müssen wir in den Formeln (1) zu $\lim_{\sigma \to 0} \tau^-(\sigma, v)$ und $\lim_{\sigma \to 0} \tau^+(\sigma, v)$ übergehen; es ist nämlich nach Konstruktion

$$I_0(v_x, v) := \lim_{\sigma \to 0} I_\sigma(v_x, v) := \lim_{\sigma \to 0} [x_\sigma - \tau^-(\sigma, v) v, x_\sigma + \tau^+(\sigma, v) v]$$
$$= g_v(v_x) \cap S(x, d) = \Gamma_x(v_x),$$

wenn man Satz 1 (7) auf die eindimensionale $A$-Menge $V := g_v(v_x)$ anwendet, denn $g_v(v_x)$ ist nach Definition das Element $g(0, v)$ der $\sigma$-Schar. Um zu erkennen, ob $I_0(v_x, v)$ entartet oder nicht entartet ist, haben wir uns für den Durchmesser $D[I_0(v_x, v)]$

$:= \sup_{u,w \in I_0} \|u-w\|$ zu interessieren. [Siehe Motivierung zur Definition 4 (11)!] Man erhält diesen Durchmesser durch Berechnen der beiden Doppellimites

(2)
$$\tau^-(v) := \lim_{\sigma \to 0} \tau^-(\sigma, v) = \lim_{\sigma \to 0} \lim_{n \to \infty} \tau_n^-(\sigma, v)$$
$$\tau^+(v) := \lim_{\sigma \to 0} \tau^+(\sigma, v) = \lim_{\sigma \to 0} \lim_{n \to \infty} \tau_n^+(\sigma, v);$$

dann gilt nach Definition

$$I_0(v_x, v) := [v_x - \tau^-(v)\, v,\; v_x + \tau^+(v)\, v],$$

und wir haben somit

(3) $\qquad D[I_0(v_x, v)] = \tau^-(v) + \tau^+(v)$

Die Bedingung $D[I_0(v_x, v)] = 0$, d. h. $\tau^-(v) = \tau^+(v) = 0$, ist gleichbedeutend damit, daß der Durchschnitt $g_v(v_x) \cap S(x, d)$ kein nichtentartetes $g_v(v_x)$-Intervall enthält. Es gilt also mit der Definition 4 (11) der

## Satz 2

Der normierte Vektorraum $(X, \|\ \|)$ ist genau dann strikt $(x, g_v(v_x))$-konvex, wenn $D[I_0(v_x, v)] = 0$, d. h. $\tau^-(v) = \tau^+(v) = 0$ gilt.

Zwei Bemerkungen zur Frage von hinreichenden Bedingungen für $D[I_0(v_x, v)] = 0$:
1) Sind die beiden Limites in (2) mit einander vertauschbar, d. h. konvergiert die Folge $\{\tau_n(\sigma, v)\}$ entweder in $\sigma$ oder in $n$ gleichmäßig, so gilt, wie man sofort an den Formeln L1, L2, R1, R2 (14) abliest:

$$\lim_{\sigma \to 0} \lim_{n \to \infty} \tau_n(\sigma, v) = \lim_{n \to \infty} \lim_{\sigma \to 0} \tau_n(\sigma, v) = 0$$

also $D I_0(v_x, v)] = 0$, wegen $\lim_{\sigma \to 0} \tau_n(\sigma, v) = 0$. Eine hinreichende Bedingung für die gleichmäßige Konvergenz wird später angegeben.
2) Ist der normierte Vektorraum $(X, \|\ \|)$ gleichmäßig konvex ([5], S. 356), also strikt normiert, so gilt für je zwei Folgen $\{x_n\}, \{y_n\}, n = 1, 2, \ldots$ aus $X$ mit $\|x_n\| = \|y_n\| = 1$:

$$\lim_{n \to \infty} \left\| \frac{x_n + y_n}{2} \right\| = 1 \Rightarrow \lim_{n \to \infty} \|x_n - y_n\| = 0$$

Eine derartige Bedingung impliziert ebenfalls $D[I_0(v_x, v)] = 0$; denn die beiden Folgen $\{y^-(\sigma, v)\}, \{y^+(\sigma, v)\}$ der Schnittpunkte von $S(x, d)$ mit den Geraden aus der $\sigma$-Schar haben für jede Nullfolge $\{\sigma_\mu\}$ nach unseren obigen Ausführungen die Eigenschaft:

$$\|x - y^-(\sigma_\mu, v)\| = \|x - y^+(\sigma_\mu, v)\| = d$$

oder mit

$$\left.\begin{array}{l} x_\mu := \dfrac{1}{d}(x - y^-(\sigma_\mu, v)) \\[2mm] y_\mu := \dfrac{1}{d}(x - y^+(\sigma_\mu, v)) \end{array}\right\} \quad \|x_\mu\| = \|y_\mu\| = 1$$

Für diese beiden Folgen gilt offenbar $\lim\limits_{n\to\infty} \left\|\dfrac{x_n+y_n}{2}\right\| = 1$; also haben wir

$$0 = \lim_{n\to\infty} \|x_n - y_n\| = \frac{1}{d} \|(x - v_x + \tau^-(v)\,v) - (x - v_x - \tau^+(v)\,v)\|$$

$$= \frac{\|v\|}{d}\,(\tau^-(v) + \tau^+(v))$$

also $\tau^-(v) + \tau^+(v) = 0$ und nach (3) $D[I_0(v_x, v)] = 0$ in Übereinstimmung mit der bekannten Tatsache, daß in gleichmäßig konvexen Räumen die Approximation durch abgeschlossene konvexe Mengen stets eindeutig ausführbar ist.

Wir haben in Bemerkung 1) auf die Bedeutung der Vertauschbarkeit der Doppellimites in den Formeln (2) hingewiesen; Vertauschung ist erlaubt, wenn die Doppelfolge $\{\tau_n^-(\sigma, v)\}$ bzw. $\{\tau_n^+(\sigma, v)\}$ entweder in $\sigma$ oder in $n$ gleichmäßig konvergiert. Wir wollen hier eine hinreichende Bedingung dafür angeben, daß eine der beiden Folgen, etwa $\{\tau_n^+(\sigma, v)\}$, gleichmäßig für alle $\sigma \in [0, s]$, $0 < s \leq 1$, konvergiert. Wir haben also unter Verzicht auf die »+«-Indizierung die aus den Elementen

$$\tau_{n+1}(\sigma, v) := \sigma d + \sum_{\mu=1}^{n} (d - \|x - y_\mu(\sigma, v)\|) \qquad n = 1, 2, 3, \ldots$$

bestehende Folge zu betrachten. Diese Folge konvergiert, wie oben bewiesen, und es gilt:

(4) $\qquad \tau(\sigma, v) = \sigma d + \sum\limits_{\mu=1}^{\infty} (d - \|x - y_\mu(\sigma, v)\|) \qquad 0 \leq \sigma \leq 1$

**Definition:**

Eine unendliche Reihe $\sum\limits_{v} f_v(t)$ sei konvergent für $t \in I$. $\sum\limits_{v} f_v(t)$ heißt gleichmäßig konvergent für $t \in I$ genau dann, wenn gilt: Zu jedem $\varepsilon > 0$ gibt es ein $N(\varepsilon)$, so daß für alle $t \in I$ und für alle $n \geq N(\varepsilon)$ gilt: $|r_n(t)| < \varepsilon$, mit $r_n(t) := \sum\limits_{v} f_v(t) - \sum\limits_{v=1}^{n} f_v(t)$.

Wir werden eine hinreichende Bedingung für gleichmäßige Konvergenz derart angeben, daß das folgende Weierstrassche Kriterium für gleichmäßige Konvergenz auf die Reihe (4) anwendbar ist: $\sum\limits_{v} \beta_v$ sei eine konvergente Reihe mit positiven Gliedern mit der Eigenschaft: $|f_v(t)| \leq \beta_v$ für alle $t \in I$, dann konvergiert $\sum\limits_{v} f_v(t)$ gleichmäßig für alle $t \in I$.

Es sei $B(x, d)$ eine Kugel aus $(X, \|\ \|)$, $v_x \in S(x, d)$ und $H(v_x) \in \mathfrak{H}(v_x)$ eine Stützhyperebene an $B(x, d)$. Ohne Beschränkung der Allgemeinheit können wir $v_x = \mathfrak{o}$ annehmen; das läßt sich durch eine geeignete lineare Transformation stets erreichen. Damit vereinfachen sich unsere Formeln; insbesondere gilt:

$$d = \|x\|$$
$$x_\sigma = v_x + \sigma(x - v_x) = \sigma x \qquad 0 \leq \sigma \leq 1$$

und eine Gerade $g_v(v_x)$ aus $H(v_x)$ hat die Gestalt $z = \alpha v$ mit $\alpha \in \mathbf{R}$, $\|v\| = 1$, $v \in H(\mathfrak{o})$.

**Satz 3**

Vor.: Es gibt ein $s$, $0 < s \leq 1$, sowie ein $v \in H(\mathfrak{o})$ mit $\|v\| = 1$, so daß mit $y(s, v)$
$:= sx + \tau(s, v) v$ gilt:

$$\|x - \beta y(s, v)\| = \|x\| \quad \text{für} \quad 0 \leq \beta \leq 1;$$

d. h. es gibt auf der Sphäre $S(x, \|x\|)$ ein nicht entartetes Intervall, dessen einer Endpunkt in der Hyperebene $H(\mathfrak{o})$ liegt: $[\mathfrak{o}, y(s, v)]$

Beh.: Die Reihe

(4') $$\sigma \|x\| + \sum_{\mu=1}^{\infty} (\|x\| - \|x - y_\mu(\sigma, v)\|)$$

konvergiert gleichmäßig für $0 \leq \sigma \leq s$.

Beweis:

Es gilt für die $n$-te Partialsumme von (4') die Darstellung

(5)
$$\tau_{n+1}(\sigma, v) = \sigma \|x\| + \sum_{\mu=1}^{n} (\|x\| - \|x - y_\mu(\sigma, v)\|)$$
$$= \tau_n(\sigma, v) + \|x\| \left(1 - \frac{\|x - y_n(\sigma, v)\|}{\|x\|}\right)$$

Auf Grund unserer Voraussetzungen lassen sich die Größen

$$\frac{\|x - y_n(\sigma, v)\|}{\|x\|}$$

unter Benutzung unserer Formeln auf S. 11 in folgender Weise berechnen:

$$y_n(\sigma, v) = \sigma x + \tau_n(\sigma, v) v$$
$$y(s, v) = s x + \tau(s, v) v$$

$[\mathfrak{o}, y(s, v)]$ liegt nach Voraussetzung auf dem Rand von $B(x, \|x\|)$, also gilt für $0 \leq \sigma \leq s$:

$$\zeta_n \in \{z \in X : z = \alpha y(s, v), 0 \leq \alpha \leq 1\} \cap \{z \in X : z = x + |\beta| (y_n(\sigma, v) - x), \beta \in \mathbf{R}\}$$

man erhält:

$$\zeta_n = x + \beta_n (y_n(\sigma, v) - x) \qquad 0 \leq \sigma \leq s$$

mit $\quad \beta_n := \dfrac{\tau(s, v)}{s \tau_n(\sigma, v) + (1 - \sigma) \tau(s, v)}$

Wegen $\|x\| = \|x - \zeta_n\| = \beta_n \|y_n(\sigma, v) - x\|$ erhalten wir dann:

$$\frac{\|x\|}{\|x - y_n(\sigma, v)\|} = \beta_n = \frac{\tau(s, v)}{s \tau_n(\sigma, v) + (1 - \sigma) \tau(s, v)}$$

und

$$1 - \frac{\|x - y_n(\sigma, v)\|}{\|x\|} = \frac{\sigma \tau(s, v) - s \tau_n(\sigma, v)}{\tau(s, v)} = \sigma - \frac{s}{\tau(s, v)} \tau_n(\sigma, v)$$

Damit erhalten wir aus (5):

$$\tau_2(\sigma, v) = \tau_1(\sigma, v) + \|x\| \left(1 - \frac{\|x - y_1(\sigma, v)\|}{\|x\|}\right)$$

$$= \tau_1(\sigma, v) \left[\left(1 - \frac{s}{\tau(s, v)} \|x\|\right)^1 + \left(1 - \frac{s}{\tau(s, v)} \|x\|\right)^0\right]$$

Allgemein beweist man durch vollständige Induktion:

$$\tau_{n+1}(\sigma, v) = \sigma \|x\| \cdot \sum_{\mu=0}^{n} \left(1 - \frac{s}{\tau(s, v)} \|x\|\right)^{\mu} \qquad n \geq 1, \ 0 \leq \sigma \leq s$$

Somit haben wir

$$\tau(\sigma, v) := \lim_{n \to \infty} \tau_n(\sigma, v) = \sigma \|x\| \sum_{\mu=0}^{\infty} \left(1 - \frac{s}{\tau(s, v)} \|x\|\right)^{\mu};$$

können wir zeigen, daß $\left|1 - \frac{s}{\tau(s, v)} \|x\|\right| < 1$ ist, so läßt sich der Wert dieser Reihe explizit angeben (Geometrische Reihe!). Da sämtliche Glieder der Reihe größer oder höchstens gleich Null sind, haben wir insbesondere

$$\tau(s, v) := s \|x\| + \sum_{\mu=1}^{\infty} (\|x\| - \|x - y_\mu(s, v)\|) \geq s \|x\|,$$

also $0 \leq 1 - \frac{s}{\tau(s, v)} \|x\|$.

Wegen $s > 0$ und $\tau(s, v) > 0$ gilt aber auch

$$0 \leq 1 - \frac{s}{\tau(s, v)} \|x\| < 1$$

und folglich $\left|1 - \frac{s}{\tau(s, v)} \|x\|\right| < 1$.

Die Reihe läßt sich also berechnen und man erhält:

$$\tau(\sigma, v) = \sigma \|x\| \sum_{\mu=0}^{\infty} \left(1 - \frac{s}{\tau(s, v)} \|x\|\right)^{\mu} = \frac{\tau(s, v)}{s} \sigma \qquad 0 \leq \sigma \leq s$$

Zu dieser Reihe läßt sich durch

$$s \|x\| \sum_{\mu=0}^{\infty} \left(1 - \frac{s}{\tau(s, v)} \|x\|\right)^{\mu}$$

eine gleichmäßige Majorante im Sinne des Kriteriums von Weierstraß angeben. Damit ist die gleichmäßige Konvergenz der Reihe (4′) erwiesen.

Wir haben die gleichmäßige Konvergenz nur für eine spezielle Richtung $v \in H(\mathfrak{o})$ gezeigt; ersetzt man jedoch $v$ durch einen etwa endlichdimensionalen Teilraum $V$ von $H(\mathfrak{o})$ derart, daß das Paar $(x, V)$ die Eigenschaft

(6) $\qquad \bigvee_{s < 0} \bigwedge_{\substack{v \in V \\ \|v\| = 1}} \bigwedge_{0 \leq \alpha \leq 1} \|x - \alpha y(s, v)\| = \|x\|$

mit $y(s, v) := sx + \tau(s, v) v$

hat, so ist die obige Schlußweise für jede Richtung $v \in V$ anwendbar, und die Reihe (4′) konvergiert für jedes $v \in V$ gleichmäßig in $\sigma \in [0, s]$.

Dieser Eigenschaft des Paares $(x, V)$ kommt folgende geometrische Bedeutung zu:
Es gibt eine Zahl $s$, $0 < s \leq 1$, derart daß die Mengen
$$\mathfrak{M}_\sigma := \{y(\sigma, v) \in S(x, \|x\|) \colon y(\sigma, v) = \sigma x + v, v \in V\} \qquad 0 \leq \sigma \leq s$$
auf dem Kegelmantel
$$K_s := \{\alpha y(s, v) \colon y(s, v) = sx + \tau(s, v) v \in S(x, \|x\|), \alpha \geq 0\}$$
liegen.

**Beispiel:**
$X$ sei ein endlichdimensionaler normierter Vektorraum, $V$ ein Teilraum von $X$, der ein Element $x \in X \setminus V$ eindeutig approximieren möge, und $d := \text{dist}(x, V)$. Läßt sich die Kugel $B(x, d)$ als Durchschnitt endlich vieler Halbräume $H_f^\alpha := \{x \colon f(x) \geq \alpha, f \in X'\}$ darstellen – wie das beispielsweise für alle Kugeln des $R^n$ mit der Norm $\|x\| := \|\langle x_1, \ldots, x_n\rangle\| := \underset{i=1}{\overset{n}{\text{MAX}}} |x_i|$ der Fall ist –, so hat das Paar $(x, V)$ die Eigenschaft (6) und die Reihe (4') konvergiert für genügend kleine $\sigma$ gleichmäßig für alle $v \in V$.

## 4. Strikte $(x, V)$-Konvexität

Wir haben unsere Überlegungen, insbesondere die Definition 4 (11) und das an sie anschließende Verfahren zur Bestimmung von Intervallen auf Sphären, unter so allgemeinen Voraussetzungen durchgeführt, daß eine Übertragung auf das für die Praxis wichtige Problem der Approximation durch endlichdimensionale Teilräume $V$ von $X$ leicht möglich ist.
Derartige Teilräume sind nach dem Korollar (S. 8) zu Satz 1 (7) $A$-Mengen. Es existiert also zu jedem $x \in X$ wenigstens ein $v_x \in S(x, d) \cap V$ mit $d := \text{dist}(x, V)$; $v_x$ ist Stützpunkt von wenigstens einer Stützhyperebene an $B(x, d)$; $\mathfrak{H}(v_x)$ sei die Menge aller Stützhyperebenen, die $v_x$ als Stützpunkt haben. Als einfache Folge des Satzes von HAHN-BANACH ([5], S. 191) gibt es eine Hyperebene $H(v_x) \in \mathfrak{H}(v_x)$, die $V$ enthält. Auf $H(v_x)$ lassen sich die obigen Ergebnisse anwenden, und wir können unserem Ziel, die verschiedenen Aspekte des Eindeutigkeitsproblems unter einem einheitlichen Gesichtspunkt zu diskutieren, wie folgt Rechnung tragen: Wir wandeln Definition 4 (11) dahingehend ab, daß wir nicht nur relative strikte Konvexität bezüglich einer festen Geraden $g(v_x)$, d. h. bezüglich einer eindimensionalen Mannigfaltigkeit in Betracht ziehen, sondern auch relative strikte Konvexität hinsichtlich einer $n$-dimensionalen Mannigfaltigkeit $V$. Es sei $V$ ein $n$-dimensionaler Teilraum von $X$, $x \in X \setminus V$ und $d := \text{dist}(x, V)$.

**Definition 5:**
Ein normierter Vektorraum $(X, \| \|)$ heißt strikt $(x, V)$-konvex genau dann, wenn gilt:
$v_x \in (z, y) \subset B(x, d) \cap V$ impliziert $z = v_x = y$

**Definition 6:**
Ein normierter Vektorraum $(X, \| \|)$ heißt strikt $(V)$-konvex genau dann, wenn gilt:
$(X, \| \|)$ ist strikt $(x, V)$-konvex für alle $x \in X$

**Satz 4**
Vor.: $(X, \| \|)$ normierter Vektorraum
 $V$ $n$-dimensionaler Teilraum von $X$
 $x \in X \setminus V$, $d := \text{dist}(x, V)$, $v_x \in \Gamma_x(v_x) := S(x, d) \cap V$

Beh.: (i) Ist $(X, \| \;\|)$ strikt $(x, V)$-konvex, so ist $x$ eindeutig approximierbar durch $V$.

(ii) Ist $(X, \| \;\|)$ nicht strikt $(x, V)$-konvex, so gibt es $k$, $1 \leq k \leq n$, linear unabhängige Elemente $v_1, \ldots, v_k$ aus $V$ mit $\|v_i\| = 1$ ($i = 1, \ldots, k$), so daß $D[I_0(v_x, v_i)] \neq 0$, und es gilt für die konvexe Hülle der Intervalle $I_0(v_x, v_i)$:

$$co\,[I_0(v_x, v_1) \cup \ldots \cup I_0(v_x, v_k)] \subset V \cap S(x, d)$$

Beweis:

Behauptung (i) ist klar.

Zu (ii): Jedes der Intervalle $I_0(v_x, v_i)$ ($i = 1, \ldots, k$) läßt sich durch unser Iterationsverfahren als minimaler Durchschnitt einer durch $v_x$ in Richtung $v_i$ verlaufenden Geraden $g_{v_i}(v_x)$ mit $B(x, d)$ erhalten. Es gilt also $I_0(v_x, v_i) \subset S(x, d) \cap V$, da $g_{v_i}(v_x) \subset V$, d. h. $I_0(v_x, v_i) \subset \Gamma_x(v_x)$ für $i = 1, \ldots, k$. Da nach Satz 1 (7) $\Gamma_x(v_x)$ eine konvexe, kompakte Menge ist, gilt wegen

$$I_0(v_x, v_1) \cup \ldots \cup I_0(v_x, v_k) \subset \Gamma_x(v_x)$$

auch

$$co\,[I_0(v_x, v_1) \cup \ldots \cup I_0(v_x, v_k)] \subset \Gamma_x(v_x) := V \cap S(x, d)$$

Bemerkung:

$\Gamma_x(v_x)$ [vgl. Satz 1 (7)] besitzt als kompakte, konvexe, nicht leere Teilmenge eines endlichdimensionalen Raumes mindestens einen Extremalpunkt. Nach dem Satz von KREIN-MILMAN ist $\Gamma_x(v_x)$ gleich der abgeschlossenen konvexen Hülle der Extremalpunkte von $\Gamma_x(v_x)$. Man erhält also die Menge der besten Approximationen $\Gamma_x(v_x)$ vollständig mittels des Iterationsverfahrens, wenn die Menge der Extremalpunkte von $\Gamma_x(v_x)$ in der Menge der Endpunkte der Intervalle $I_0(v_x, v_i)$ enthalten ist.

Durch unsere bisherigen Ausführungen ist dargelegt worden, daß in einer geometrischen Approximationstheorie – d. h. einer Approximationstheorie, die sich die Beschreibung des Existenz- und Eindeutigkeitsproblems durch geometrische Begriffe wie Kugel und lineare Mannigfaltigkeit im weitesten Sinne zum Ziel setzt –, die Einführung des Begriffes der relativen strikten Konvexität natürlich und der geometrischen Natur eines Approximationsproblems angemessen ist. Mittels dieser geometrischen Betrachtungsweise können wir auf dem Fundament unseres Iterationsverfahrens aus Abschnitt 3 folgende Klassifizierung von Approximationsproblemen vornehmen:

1) $(X, \| \;\|)$ strikt konvex.

Dann ist $(X, \| \;\|)$ strikt $(x, V)$-konvex für alle $A$-Mengen $V$ im Sinne von Satz 1 (7) und für alle $x \in X \setminus V$, d. h. die Approximation ist stets eindeutig durchführbar für jede $A$-Menge $V$ und jedes $x \in X \setminus V$; denn auf den Sphären aus strikt normierten können per definitionem keine nicht-entarteten Intervalle existieren.

Beispiel: Hilbert-Räume.

Ist hingegen die zugrunde liegende Norm so beschaffen, daß auf den Sphären nichtentartete Intervalle vorhanden sein können, dann ist im allgemeinen sowohl die Möglichkeit der eindeutigen wie auch der mehrdeutigen Approximation offen. Das führt uns auf die nachfolgenden Fälle:

2) $(X, \| \;\|)$ strikt $(V)$-konvex.

Dann ist $(X, \| \;\|)$ strikt $(x, V)$-konvex für alle $x \in X \setminus V$ nach Definition 6 (20); d. h. jedes $x \in X \setminus V$ läßt sich eindeutig approximieren durch die vorgegebene $A$-Menge $V$.

Beispiel:

Der Raum der auf einem kompakten Intervall $I$ stetigen Funktionen, $C[I]$, mit der Maximum-Norm ist von diesem Typ, wenn die $A$-Menge $V$ ein endlichdimensionaler

Haarscher Teilraum von $C[I]$ ist. Mit unseren üblichen Bezeichnungen, $x \in X \setminus V$, $v_x \in S(x, d) \cap V$ mit $d := \operatorname{dist}(x, V)$ bedeutet die Forderung an $V$, ein Haarscher Teilraum zu sein, nicht etwa, daß es auf $S(x, d)$ überhaupt keine nicht-entarteten Intervalle gibt, die $v_x$ enthalten; sondern die Haarsche Bedingung ist eine Forderung an die Lage von $V$ relativ zur Kugel $B(x, d)$ derart, daß jedes Intervall auf $S(x, d)$ mit $V$ höchstens den Punkt $v_x$ gemeinsam hat:

$$v_x \in (y, z) \subset S(x, d) \cap V \Rightarrow y = v_x = z;$$

das aber ist offenbar noch keine Eigenschaft, welche die Approximation durch Haarsche Teilräume vor anderen eindeutigen Approximationen auszeichnet (s. 3) unten. Auf besondere Eigenschaften von Haarschen $A$-Mengen $V$ stößt man zum Beispiel, wenn man sich für die Frage der schwachen Differenzierbarkeit der Norm im Punkte $v_x \in S(x, d)$ interessiert; hierauf werden wir in allgemeinerem Zusammenhang zurückkommen.

3) $(X, \|\ \|)$ strikt $(x, V)$-konvex.

Dann läßt sich das fest vorgegebene Element $x \in X \setminus V$ durch die ebenfalls fest vorgegebene $A$-Menge $V$ eindeutig approximieren; d. h. es kann durchaus ein von $x$ verschiedenes $y \in X \setminus V$ geben, das sich nicht eindeutig durch $V$ approximieren läßt.

Beispiel:

$V$ linearer Teilraum von $C[0, 1]$ mit Basis $\Phi(t) := t$

$$x = x(t) = \begin{cases} 1 & 0 \leq t < \tfrac{1}{2} \\ -4t + 3 & \tfrac{1}{2} \leq t \leq 1 \end{cases} \qquad \operatorname{dist}(x, V) = 1$$

$$y = y(t) = 1 \qquad 0 \leq t \leq 1 \qquad \operatorname{dist}(y, V) = 1$$

Im ersten Fall folgt für jedes Intervall $(y, z)$ auf $S(x, 1)$:

$$\mathfrak{o} \in (y, z) \subset S(x, 1) \cap V \Rightarrow y = \mathfrak{o} = z;$$

im zweiten Fall dagegen haben wir

$$\mathfrak{o} \in [\mathfrak{o}, 2t] \subset S(y, 1) \cap V.$$

Ebenso überlegt man sich leicht ein Beispiel im $\mathbf{R}^2$ mit der Norm $\|x\| = \|\langle x_1, x_2 \rangle\| = \underset{i=1,2}{\operatorname{MAX}} |x_i|$, derart, daß $(X, \|\ \|)$ strikt $(x, V)$-konvex sein kann, aber nicht strikt $(x, W)$-konvex zu sein braucht für $W \neq V$:

## 5. Stützhyperebenen von Kugeln eines normierten Vektorraumes

Im Verlaufe unserer bisherigen Untersuchungen haben wir festgestellt, daß die Hauptschwierigkeit bei der Analyse des Eindeutigkeitsproblems in der Existenz von mehrpunktigen konvexen Mengen auf Sphären begründet ist, wenn wir von strikt normierten zu nicht strikt normierten Vektorräumen übergehen. Der Begriff der relativen strikten Konvexität war eingeführt worden, um die Lage dieser konvexen Mengen relativ zu einer $A$-Menge $V$ beschreiben zu können; sie werde im folgenden als lineare Mannigfaltigkeit aufgefaßt. Das Problem, ob ein Element $v_x \in S(x, d) \cap V$, $d := \operatorname{dist}(x, V)$, bester Approximation an $x \in X \setminus V$ das einzige ist, läßt sich aber noch allgemeiner fassen als das bisher durch Untersuchungen zur relativen strikten Konvexität geschehen ist, indem man etwa die folgende Frage stellt: Gibt es Punkte $v_x$ auf der Sphäre $S(x, d)$, die höchstens als Approximationselemente von mehrdeutig approximierenden $A$-Mengen $V$ erhalten werden können; oder gibt es Punkte $v_x$ auf der Sphäre $S(x, d)$, die sich als

Approximationselemente von eindeutig approximierenden $A$-Mengen $V$ gewinnen lassen; und wie sind diese beiden Klassen von Sphärenpunkten zu charakterisieren? Es ist nämlich durchaus denkbar, daß ein Fixpunkt $v_x \in \Gamma_x(v_x)$ der die Menge der besten Approximationen beschreibenden Abbildung aus Satz 1 (7) derart auf der Sphäre $S(x, d)$ gelagert ist, daß die Existenz einer eindeutig approximierenden $A$-Menge $V$ mit $v_x \in V$ *generell* ausgeschlossen ist; man nehme etwa an, daß im $\mathbf{R}^3$ mit der Norm $\|x\| := \mathrm{MAX}\,|x_i|$ der Punkt $v_x$ nicht auf einer Kante der Würfeloberfläche $S(x, d) := \{z \in \mathbf{R}^3 : \|x - z\| = d\}$ liegen möge; ist nun $v_x$ Element bester Approximation an $x$ durch eine beliebige $A$-Menge $V$, so kann die Menge $V$ das Element $x$ niemals eindeutig approximieren, wenn man den trivialen Fall $V = \{v_x\}$ ausschließt. Denn $v_x$ ist Stützpunkt von genau einer Hyperebene $H(v_x)$; diese muß $V$ enthalten und für jede Gerade $g_v(v_x)$ durch $v_x$ aus $H(v_x)$ enthält der Durchschnitt von $g_v(v_x)$ und $S(x, d)$ mehr als nur den einen Punkt $v_x$. In $H(v_x)$ existiert somit keine eindeutig approximierende $A$-Menge $V$ mit $v_x \in V$.

Wir erkennen aus diesem Beispiel, daß die Frage, ob sich ein Element $x \in X \setminus V$ ein- oder mehrdeutig durch eine vorgegebene $A$-Menge $V$ approximieren läßt, schon vollständig entschieden ist, wenn ein Element $v_x \in V$ bester Approximation an $x$ eine derartige Lage auf $S(x, d)$ hat, daß

1) $v_x$ Stützpunkt von genau einer Hyperebene $H(v_x) \in \mathfrak{H}(v_x)$ ist,

2) jede lineare Teilmannigfaltigkeit von $H(v_x)$, die $v_x$ enthält, ein offenes Intervall $(y, z) \subset v_x$ mit $S(x, d)$ gemeinsam hat.

In solch einem Fall wird man erwarten, daß der Raum $X$ sicher nicht strikt $(x, V)$-konvex ist für alle $A$-Mengen $V$ mit $v_x \in V$, ohne das für alle möglichen Lagen von $V$ kontrollieren zu müssen.

Die folgenden Gründe erscheinen uns maßgebend für eine derartige Argumentation:

a) Die Bedingungen 1) und 2) sind bekannten funktionalanalytischen Methoden zugänglich einerseits und beschreiben andererseits Eigenschaften nicht eindeutig approximierender $A$-Mengen generell; Bedingung 1) hängt mit der schwachen Differenzierbarkeit der Norm des zugrunde liegenden Raumes $X$ zusammen und Bedingung 2) besagt, daß $v_x$ nicht Extremalpunkt einer gewissen konvexen Teilmenge von $S(x, d)$ ist.

b) Abwandlung der Bedingungen 1) und 2) ermöglicht Aussagen über die Existenz eindeutig approximierender $A$-Mengen $V$, die als Spezialfall die Approximation durch Haarsche Teilräume im Raume der stetigen Funktionen umfassen.

Wir beginnen die Untersuchung von Kugeln eines beliebigen normierten Vektorraumes hinsichtlich solcher Punkte, welche die Eigenschaften 1) und 2) haben, mit zwei Definitionen.

**Definition 7:**

$X$ sei ein Vektorraum, $H$ ein (abgeschlossener) Teilraum von $X$, $C \subset H$ eine Teilmenge von $H$, $x_0 \in C$, $v' \in H$ mit $v' \neq x_0$.

(i) $x_0$ heißt $v'$-algebraisch innerer Punkt von $C$ genau dann, wenn gilt:
   Es gibt ein offenes Intervall $(u, w)$ auf der Geraden
   $g_{v'}(x_0) := \{z \in H : z = x_0 + \beta(v' - x_0), \beta \in \mathbf{R}\}$, so daß
   $x_0 \in (u, w) \subset C$.

(ii) $x_0$ heißt $H$-algebraisch innerer Punkt von $C$ genau dann, wenn gilt:
   Zu jedem $v \in H$, $v \neq x_0$, gibt es ein offenes Intervall $(u, w)$ auf der Geraden $g_v(x_0)$, so daß
   $x_0 \in (u, w) \subset C$.

**Definition 8:**

Ein Randpunkt $x_0$ einer konvexen Teilmenge $K$ eines normierten Vektorraumes heißt Flachpunkt von $K$, wenn höchstens eine abgeschlossene Stützhyperebene durch $x_0$ geht ([5], S. 349).

Die Flachpunkte einer Kugel eines beliebigen normierten Vektorraumes lassen sich charakterisieren wie folgt ([5], S. 353):

**Satz:**

Vor.: $(X, \| \|)$ normierter Vektorraum
$B(x, d)$ eine Kugel um $x$ vom Radius $d > 0$

Beh.: $v_x \in S(x, d)$ ist Flachpunkt von $B(x, d)$ genau dann, wenn gilt:
Die Norm von $X$ ist schwach differenzierbar ([5], S. 352) im Punkte $v_x$.

Auf der Grundlage dieses Satzes und der Definitionen 7 und 8 können wir unsere Argumentation vom Beginn dieses Kapitels präzisieren. Es sei $(X, | |)$ ein normierter Vektorraum, $v_x \in S(x, d)$, $H(v_x)$ ein Element aus der Menge der abgeschlossenen Stützhyperebenen $\mathfrak{H}(v_x)$ an $S(x, d)$ im Punkte $v_x$. Der folgende Satz beantwortet die Frage, welche Kugelrandpunkte mit Sicherheit nicht als Approximationspunkte eindeutig approximierender Teilräume $V$ auftreten können.

**Satz 5**

Vor.: $V$ sei ein beliebiger endlichdimensionaler Teilraum von $X$, der von einem $x \in X$ den positiven Abstand $d$ haben möge; $v_x \in S(x, d) \cap V$, $H(v_x) \in \mathfrak{H}(v_x)$.

Beh.: Ist (i) $v_x$ Flachpunkt von $B(x, d)$,

(ii) $v_x$ Lin $[H']$-algebraisch innerer Punkt von
$H' := H(v_x) \cap B(x, d)$

(iii) $\overline{\text{Lin }[H']} = H(v_x)$

dann gilt:
Die Approximation des Elements $x$ durch den Teilraum $V$ ist mehrdeutig ausführbar.

**Beweis:**

Nach Voraussetzung ist $v_x$ ein Element bester Approximation an $x$ durch den Teilraum $V$. Es bleibt zu zeigen, daß in V noch ein zweites von $v_x$ verschiedenes Element $w_x \in S(x, d) \cap V$ existiert; das ist aus folgendem Grunde der Fall: Es gibt nach dem Satz von HAHN-BANACH ([5], S. 191) eine abgeschlossene Stützhyperebene $H(v_x)$ an $B(x, d)$, welche $V$ enthält. Da $v_x \in V$ ein Flachpunkt von $B(x, d)$ ist, ist diese Stützhyperebene $H(v_x)$ die einzige. Sie hat die Eigenschaften (ii), (iii). Jede Gerade aus $H(v_x)$ – insbesondere also die Geraden aus $V$ – durch $v_x$ hat also mit der Menge $H' := H(v_x) \cap B(x, d)$ ein offenes Intervall $(y, z) \subset v_x$ gemeinsam, trifft also $H'$ in mehr als einem Punkt. Der Teilraum $V \subset H(v_x)$ approximiert folglich das Element $x$ nicht eindeutig.

**Bemerkung:**

(i), (ii) allein genügen nicht für die Behauptung des Satzes, was man am Beispiel eines Zylinders $Z$ im $\mathbf{R}^3$ leicht nachprüfen kann: $(y, z)$ sei ein Teilintervall einer Erzeugenden $e$ von $Z$; dann verläuft durch jeden Punkt $v_x \in (y, z)$ genau eine Stützhyperebene $H(v_x)$. $v_x$ ist offenbar ein Lin $[H']$-algebraisch innerer Punkt von $H' := H(v_x) \cap Z$, aber kein $H(v_x)$-algebraisch innerer Punkt von $H'$. Ist eine 1-dimensionale Mannigfaltigkeit $V$ komplementär zur Richtung $e$, so trifft $V$ den Zylinder $Z$ nur in dem Punkte $v_x$. $H(v_x)$ hat den Defekt 1, während der Defekt von Lin $[H']$ gleich 2 ist. Diese Eigenschaft des Defektes von Lin $[H']$ im Vergleich zum Defekt von $H(v_x)$ wird für uns in allgemeinerem Zusammenhang von Interesse sein; wir verzichten deshalb aus Gründen der Systematik nicht auf die Aufnahme der Bedingung (ii) in die Formulierung des Satzes, ohne grundsätzlich in Abrede stellen zu wollen, daß schon (i) und (iii) allein für die Behauptung hinreichend sind.

Entscheidende Bedeutung ist aber dem Fall zuzumessen, in welchem die Bedingung (i) verletzt ist. Ist nämlich $v_x$ kein Flachpunkt, also Stützpunkt von mindestens zwei Hyperebenen:

$$H_1(v_x) := \{z \in X : f_1(z) = \alpha_1, f_1 \in X^*, \alpha_1 \in \mathbf{R}\}$$

$$H_2(v_x) := \{z \in X : f_2(z) = \alpha_2, f_2 \in X^*, \alpha_2 \in \mathbf{R}\}$$

mit

$$z \in B(x, d) \Rightarrow f_1(z) \geq \alpha_1 \geq 0 \qquad f_1(v_x) = \alpha_1$$

$$z \in B(x, d) \Rightarrow f_2(z) \geq \alpha_2 \geq 0 \qquad f_2(v_x) = \alpha_2,$$

so kann man durch Linearkombination von $f_1$ und $f_2$ eine von $H_1(v_x)$ und $H_2(v_x)$ verschiedene Hyperebene gewinnen, die ebenfalls zu $\mathfrak{H}(v_x)$ gehört, aber möglicherweise die Bedingung (iii) von Satz 5 nicht mehr erfüllt, die wir ja nach unserer Bemerkung als notwendig für die Gültigkeit der Behauptung erkannt haben. Man betrachte zum Beispiel den Würfel $W$ im $\mathbf{R}^3$; $v_x$ sei ein Punkt auf einer Kante von $W$. Ist $v_x$ nicht Eckpunkt von $W$, so gibt es genau zwei linear unabhängige Stützhyperebenen aus $\mathfrak{H}(v_x)$, etwa die durch die beiden an $v_x$ angrenzenden Seitenflächen von $W$ bestimmten Stützhyperebenen $H_i(v_x) := \{z \in R^3 : f_i(z) = \alpha_i, f_i \in X^*, \alpha_i \in \mathbf{R}\}$, $i = 1, 2$. Während aber die linearen Hüllen von $W \cap H_1(v_x)$ und $W \cap H_2(v_x)$ den Defekt 1 haben, gilt für jedes Element der konvexen Verbindung von $f_1$ und $f_2$: $f := \beta_1 f_1 + \beta_2 f_2$ mit $\beta_1 + \beta_2 = 1$ und $\beta_1 > 0$, $\beta_2 > 0$, daß der Defekt von $H(v_x) \cap W$ gleich 2 ist, wo $H(v_x) \in \mathfrak{H}(v_x)$ und $H(v_x) := \{z \in \mathbf{R}^3 : f(z) = \alpha_1 \beta_1 + \alpha_2 \beta_2\}$. In der Stützhyperebene $H(v_x)$ existiert eine 1-dimensionale eindeutig approximierende lineare Mannigfaltigkeit $V$ im Unterschied zu $H_1(v_x)$ und $H_2(v_x)$.

Diese Überlegung läßt sich auf beliebige normierte Vektorräume verallgemeinern, wenn man sich in nicht strikt normierten Vektorräumen für diejenigen Punkte $v_x$ einer Sphäre $S(x, d)$ interessiert, welche Stützpunkte einer Hyperebene $H(v_x) \in \mathfrak{H}(v_x)$ derart sind, daß die abgeschlossene lineare Hülle von $H(v_x) \cap S(x, d)$ einen Defekt besitzt, der größer als 1 ist; d. h. die abgeschlossene lineare Hülle der Berührungsmenge soll nicht die ganze Stützhyperebene ergeben. Für derartige Punkte $v_x$ gilt der

**Satz 6**

Vor.: $(X, \|\ \|)$ sei nicht strikt normiert, $x \in X$, $v_x \in S(x, d)$ mit $0 < d < \infty$

Beh.: Gibt es $n + 1$ verschiedene Punkte $u_1, \ldots, u_{n+1} (n \geq 1)$ auf $S(x, d)$ mit folgenden Eigenschaften:
1) $u_i \neq v_x$
2) $[v_x, u_i] \subset S(x, d)$
3) $[u_i, u_j] \not\subset S(x, d)$ für $i \neq j$

Dann gilt:
Es gibt eine lineare Mannigfaltigkeit $V$ der Dimension $n$ mit $d = \inf_{v \in V} \|x - v\|$
$= \|x - v_x\| < \|x - w\|$ für alle $w \neq v$ aus $V$; d. h. es gibt eine das Element $x$ eindeutig approximierende lineare Mannigfaltigkeit $V$ der Dimension $n$.

Beweis:
Ohne Beschränkung der Allgemeinheit darf wieder $v_x = \mathfrak{o}$ angenommen werden.

Durch $M_i := \{z \in X: z = v_x + \beta(u_i - v_x), \beta \in R\} = \{z \in X: z = \beta u_i, \beta \in \mathbf{R}\}$ ist ein 1-dimensionaler Teilraum von $X$ gegeben. Wegen der Konvexität von $B(x, d)$ und wegen 2) gilt für $\overset{\circ}{B}(x, d) := \{z \in X: \|x - z\| < d\}$:

$$\overset{\circ}{B}(x, d) \cap M_i = \emptyset;$$

d. h. $M_i$ enthält keinen inneren Punkt von $B(x, d)$. Folglich gibt es nach dem Satz von HAHN-BANACH ([5], S. 191) eine abgeschlossene Hyperebene $H_i(v_x) = H_i(\mathbf{0})$ $:= \{z \in X: f_i(z) = 0, f_i \in X^*\} \supset M_i$, die ganz auf einer Seite von $B(x, d)$ liegt: $f_i(y) \geq 0$ für $y \in B(x, d)$, und ebenfalls keinen inneren Punkt von $B(x, d)$ enthält. Dieser Schluß ist durchführbar für $i = 1, \ldots, n+1$. Es gilt $H_i(\mathbf{0}) \cap M_j = \{\mathbf{0}\}$ für $i \neq j$; angenommen, das wäre nicht der Fall; dann muß es ein $\beta \neq 0$ geben, so daß $\beta u_j \in M_j$ und $\beta u_j \in H_i(\mathbf{0})$; also $0 = f_i(\beta u_j) = \beta f_i(u_j)$ und $0 = f_i(\beta u_i) = \beta f_i(u_i)$, folglich $f_i(u_j) = f_i(u_i)$; dies aber führt auf einen Widerspruch zu den Voraussetzungen wie folgt:

$0 = f_i(u_j) = f_i(u_i) \Rightarrow$ für $0 \leq \beta \leq 1$ $f_i(\beta u_i + (1 - \beta) u_j) = \beta f_i(u_i) + (1 - \beta) f_i(u_j) = 0$
$\Rightarrow [u_i, u_j] \subset H_i(\mathbf{0}) \Rightarrow [u_i, u_j] \subset S(x, d)$ wegen $u_i, u_j \in S(x, d)$

im Widerspruch zu 3).

Der Punkt $\mathbf{0}$ ist also der einzige Punkt aus $H_i(\mathbf{0}) \cap M_j$ für $i \neq j$. Eine einfache Überlegung zeigt, daß die stetigen linearen Funktionale $f_1, \ldots, f_{n+1}$, welche die Stützhyperebenen $H_i$ definieren, linear unabhängig sind:

Offenbar gilt $u_i \in H_i$ für $i = 1, \ldots, n+1$ und $u_j \notin H_i$ für $i \neq j$; denn wäre $u_j \in H_i$, so $[u_i, u_j] \subset H_i$ im Widerspruch zur Stützhyperebeneneigenschaft und Voraussetzung (ii).

$H_i$ ist Nullmannigfaltigkeit des linearen Funktionals $f_i$, für das man ohne Beschränkung der Allgemeinheit annehmen kann:

$$f_i(u_i) = 0 \qquad i = 1, \ldots, n+1$$
$$f_i(u_j) > 0 \qquad j = 1, \ldots, i-1, i+1, \ldots, n+1$$
$$f_i(x) = 1 \qquad i = 1, \ldots, n+1$$

Man setze $r_i := \underset{j}{\operatorname{Min}} f_i(u_j)$; die $u_j$ lassen sich eindeutig darstellen in der Form $u_j = w_i^j + \beta^j x$, $w_i^j H_i$, $\beta^i \neq 0$. Dann gilt

$$f_i(u_j) = f_i(w_i^j) + \beta^j f_i(x) = \beta^j > 0,$$

und man erhält nach Multiplikation der $u_j$ mit einem Faktor $\dfrac{r_i}{\beta^j}$

$$U_j := \frac{r_i}{\beta_j}(w_i^j + \beta^j x) = \frac{r_i}{\beta^j} w_i^j + r_i x$$

$$f_i(U_j) = f_i\left(\frac{r_i}{\beta^j} w_i^j\right) + r_i f_i(x) = r_i > 0 \quad \text{für} \quad j = 1, \ldots, i-1, i+1, \ldots, n+1$$

Nimmt man nun an $a_1 f_1 + \cdots + a_{n+1} f_{n+1}$ sei das Nullfunktional, so erkennt man aus dem Gleichungssystem

$$\sum_{i=1}^{n+1} a_i f_i(U_j) = 0 \quad \text{für} \quad j = 1, \ldots, n+1$$

und dessen Determinante

$$\begin{vmatrix} f_1(U_1) & \cdots & f_{n+1}(U_1) \\ \cdot & & \cdot \\ \cdot & & \cdot \\ \cdot & & \cdot \\ f_1(U_{n+1}) & \cdots & f_{n+1}(U_{n+1}) \end{vmatrix} = \begin{vmatrix} 0 & r_2 & \cdots & r_{n+1} \\ r_1 & 0 & r_3 & \cdots & r_{n+1} \\ \cdot & & & & \cdot \\ \cdot & & & & \cdot \\ \cdot & & & & \cdot \\ r_1 & \cdots & & r_n & 0 \end{vmatrix} = \begin{vmatrix} -r_1 & 0 & \cdots & 0 & r_{n+1} \\ 0 & -r_2 & 0 & \cdots & 0 & r_{n+1} \\ \cdot & & & & & \cdot \\ \cdot & & & & & \cdot \\ 0 & \cdots & 0 & -r_n & r_{n+1} \\ 0 & \cdots & 0 & 0 & nr_{n+1} \end{vmatrix} \neq 0$$

daß $a_1 = \cdots = a_{n+1} = 0$ gelten muß.
Die linearen Funktionale $f_i$ erweisen sich also als linear unabhängig wegen der Stützeigenschaften der $H_i$ und wegen

$$f_i(u_j) \begin{cases} = 0 & \text{für } i = j \\ \neq 0 & \text{für } i \neq j \end{cases}$$

Daraus folgt, daß die Teilmannigfaltigkeit $M$ von $X$, welche allen Hyperebenen $H_i(\mathfrak{o})$, $i = 1, \ldots, n+1$, angehört, d. i. der Orthogonalraum zu $\langle f_1, \ldots, f_{n+1} \rangle$ (vgl. [5], S. 74), abgeschlossen ist und den Defekt $n+1$ hat; ferner ist jedes $f \in X^*$, welches auf $M$ verschwindet, eine Linearkombination der $f_1, \ldots, f_{n+1}$ aus $X^*$; aus diesen Elementen $f$ haben wir ein solches auszuwählen, das die Kugel $B(x, d)$ in möglichst niedriger Dimension berührt, wie wir vor der Formulierung des Satzes überlegt haben. Wir behaupten, daß jedes Element $f$ der »offenen« konvexen Kombination von $f_1, \ldots, f_{n+1}$:

$$f := \sum_{i=1}^{n+1} c_i f_i \quad \text{mit} \quad c_i > 0 \quad \text{und} \quad \sum_{i=1}^{n+1} c_i = 1$$

das Gewünschte leistet. Zunächst ist klar, daß $H := \{z \in X : f(z) = 0\}$ eine abgeschlossene Stützhyperebene an $B(x, d)$ im Punkte $\mathfrak{o}$ ist; denn es ist erstens $f(\mathfrak{o}) = 0$ also $\mathfrak{o} \in B(x, d) \cap H$ und zweitens liegt $B(x, d)$ ganz auf einer Seite von $H$, weil für

$y \in B(x, d)$ gilt: $f(y) = \sum_{i=1}^{n+1} c_i f_i(y) \geq 0$ wegen $f_i(y) \geq 0$ und $c_i > 0$. Ferner kann $H$
die Kugel $B(x, d)$ höchstens in Punkten $z \in M \subset H$ berühren; denn ist $z$ ein Punkt von $S(x, d)$, der nicht zu $M$ gehört, so gibt es mindestens ein $i_0$, so daß $f_{i_0}(z) > 0$; das aber hat zur Folge

$$f(z) = \sum_{i=1}^{n+1} c_i f_i(z) \geq c_{i_0} f_{i_0}(z) > 0 \quad \text{wegen} \quad c_{i_0} > 0.$$

Nun folgt die Behauptung des Satzes unmittelbar: $M$ hat als abgeschlossener Teilraum von $H$ den endlichen Defekt $n = (n + 1) - 1$; also existiert in $H$ ein topologischer Komplementärraum $V$ der Dimension $n$ zu $M$ ([5], S. 159). Das Element $\{\mathfrak{o}\} = V \cap M$ ist das einzige Element aus $V$, welches gleichzeitig zu $S(x, d)$ gehört, da $V$ und $M$ komplementär zueinander sind. Damit ist der Satz bewiesen.
Die Einzigkeit des Elements $\mathfrak{o}$ kann man auch direkt unter Verwendung des die Hyperebene $H$ definierenden Funktionals $f$ nachweisen: Ist $v$ ein von $\mathfrak{o}$ verschiedenes Element aus $V$, so gilt $v \notin M$; daher gibt es mindestens ein $i$, $1 \leq i \leq n+1$, mit $f_i(v) \neq 0$. Da aber $V \subset H$ ist, folgt $0 = f(v) = \sum_{i=1}^{n+1} c_i f_i(v)$; das aber bedeutet wegen $c_i > 0$, daß

unter den von Null verschiedenen $f_i(v)$ mindestens ein Vorzeichenwechsel auftreten muß, d. h. es gibt mindestens ein $f_j(v)$ mit $f_j(v) < 0$; also gilt $v \notin B(x, d)$ nach Definition der $f_i$.

Bemerkung:

Wir haben in Satz 6 (25) die Existenz von mindestens zwei Punkten $u_i$ auf der Sphäre gefordert, und zwar aus folgendem Grund: Ist $(X, \| \|)$ strikt normiert, so existieren auf dem Rande von Kugeln per definitionem keine nicht-entarteten Intervalle, also auch keine Punkte $u_i$ mit den obigen Eigenschaften; dieser Fall ist aber bereits erledigt, denn für strikt normierte Vektorräume ist die Frage der Existenz eindeutig approximierender Teilräume geklärt (vgl. S. 21). Die Existenz eines Punktes $u_i$ ist für nicht strikt konvexe Vektorräume i. a. immer gewährleistet, jedoch nicht hinreichend für die Richtigkeit der Behauptung von Satz 6; man betrachte etwa die Seitenfläche eines Würfels im $R^3$ mit den Eckpunkten $p_1, p_2, p_3, p_4$; zu jedem Punkt $p := \sum_1^4 c_i p_i$ mit $\sum_1^4 c_i = 1$ und $c_i > 0$ gibt es genau eine Stützhyperebene $H(p)$ und jede Gerade durch $p$ aus $H(p)$ berührt den Würfel in mehr als einem Punkt. Die Forderung der Existenz von mindestens zwei verschiedenen Stützhyperebenen durch ein Element $v_x \in S(x, d)$ ist also für die Behauptung des Satzes wesentlich und für die Approximationstheorie von allgemeinem Interesse; daher

**Definition 9:**

$(X, \| \|)$ sei ein nicht strikt normierter Vektorraum.
Ein Randpunkt $v_x \in S(x, d)$, $0 < d < \infty$, einer Kugel aus $X$ heißt Randpunkt $(n+1)$-ter Ordnung genau dann, wenn gilt:
Es gibt $n+1$ verschiedene Punkte $u_1, \ldots, u_{n+1}$ auf $S(x, d)$ mit folgenden Eigenschaften:

1) $u_i \neq v_x$
2) $[v_x, u_i] \subset S(x, d)$
3) $[u_i, u_j] \not\subset S(x, d)$    für $i \neq j$

Die Bedingungen 2) und 3) bewirken, daß keine Stützhyperebene $H(v_x) \in \mathfrak{H}(v_x)$ existiert, welche gleichermaßen $[v_x, u_j]$ und $[v_x, u_i]$ für $i \neq j$ enthält; $v_x$ ist somit Stützpunkt von wenigstens $n+1$ verschiedenen Hyperebenen. Mit dieser Definition ist Satz 6 (25) wie folgt zu formulieren:

**Satz 6'**

Vor.: $(X, \| \|)$ sei nicht strikt normiert, $x \in X$, $v_x \in S(x, d)$ mit $0 < d < \infty$
Beh.: Ist $v_x$ Randpunkt der Ordnung $n+1$ ($n \geq 1$), so gibt es eine $n$-dimensionale lineare Mannigfaltigkeit $V$, die $v_x$ als einziges Element bester Approximation von $x$ durch $V$ enthält.

Dieser Satz hat eine Anwendung im Raume $C[I]$ der auf einem kompakten reellen Intervall $I$ stetigen Funktionen. Wir wissen, daß der $C[I]$ mit der Maximumsnorm ein nicht strikt konvexer Banach-Raum ist. Die Kugeln $B(x, d)$ haben genau zwei Extremalpunkte $x + d$ und $x - d$ ([5], S. 337); die Sphären $S(x, d)$ enthalten nicht-entartete Intervalle, die sich folgendermaßen charakterisieren lassen:

**Satz 7**

Vor.: $(X, \|\ \|) := (C[I], \underset{I}{\text{MAX}}|\ |)$, $x \in X$, $0 < d < \infty$

$y, z \in S(x, d)$
$(y, z) := \{w \in X: w = \beta y + (1-\beta) z, 0 < \beta < 1\}$

Beh.: $(y, z) \subset S(x, d)$ gilt genau dann, wenn:
Es gibt $t_0 \in I: y(t_0) = z(t_0) = x(t_0) \pm d$.

Beweis:

Es möge gelten $(y, z) \subset S(x, d)$. Dann ist für alle $\beta$, $0 < \beta < 1$ $\|\beta y + (1-\beta) z - x\| = d$, also gibt es ein $t_0 \in I$, so daß gilt:

$$|\beta y(t_0) + (1-\beta) z(t_0) - x(t_0)| = d$$

also

$$\beta(y(t_0) - z(t_0)) = \pm d + x(t_0) - z(t_0)$$

Angenommen, es wäre $y(t_0) - z(t_0) \neq 0$; dann gilt

$$\beta = \frac{\pm d + x(t_0) - z(t_0)}{y(t_0) - z(t_0)},$$

und es muß sein

$$0 < \frac{\pm d + x(t_0) - z(t_0)}{y(t_0) - z(t_0)} < 1$$

(i) Es sei $y(t_0) - z(t_0) > 0$, dann folgt $0 < \pm d + x(t_0) - z(t_0) < y(t_0) - z(t_0)$ oder $z(t_0) - x(t_0) < \pm d < y(t_0) - x(t_0)$ und es liegt entweder $y$ oder $z$ nicht in $B(x, d)$.

(ii) Es sei $y(t_0) - z(t_0) < 0$, dann folgt $0 > \pm d + x(t_0) - z(t_0) > y(t_0) - z(t_0)$ oder $z(t_0) - x(t_0) > \pm d > y(t_0) - x(t_0)$, und es liegt wiederum entweder $y$ oder $z$ nicht in $B(x, d)$.

Also folgt $y(t_0) = z(t_0)$, daher $0 = \beta(y(t_0) - z(t_0)) = \pm d + x(t_0) - z(t_0)$ und $y(t_0) = z(t_0) = x(t_0) \pm d$.

Umgekehrt möge es ein $t_0 \in I$ geben mit $y(t_0) = z(t_0) = x(t_0) \pm d$.
Zunächst ist klar, daß $y, z \in S(x, d)$ für $0 < \beta < 1$ zur Folge hat:
$\|\beta y + (1-\beta) z - x\| \leq d$; es bleibt $\|\beta y + (1-\beta) z - x\| \geq d$ zu zeigen: Es gilt $\|\beta y + (1-\beta) z - x\| = \underset{t \in I}{\text{MAX}} |\beta y(t) + (1-\beta) z(t) - x(t)| \geq$
$|\beta y(t_0) (1-\beta) z(t_0) - x(t_0)| = |\beta (x(t_0) \pm d) + (1-\beta)(x(t_0) \pm d) - x(t_0)| = d$.
Also gilt auch $\|\beta y + (1-\beta) z - x\| \geq d$.

**Korollar:**

Ist $y \in S(x, d)$ und gibt es genau ein Argument $t' \in I$ mit $y(t') = x(t') \pm d$, so gilt:

$\left.\begin{array}{l}[y, u_1] \subset S(x, d) \\ [y, u_2] \subset S(x, d)\end{array}\right\}$ impliziert $[u_1, u_2] \subset S(x, d)$

Diejenigen Punkte von $S(x, d)$, welche das Korollar charakterisiert, sind gerade die Flachpunkte von $B(x, d)$; denn schon BANACH [3] hat gezeigt, daß die Norm genau für diejenigen Punkte $y$ der Einheitssphäre schwach differenzierbar ist, welche den Betrag 1 für genau ein Argument $t' \in I$ annehmen (vgl. [5], S. 354).
Wir stellen also fest, daß derartige Punkte von $S(x, d)$ die Voraussetzungen von Satz 6' (28) nicht erfüllen; das eröffnet uns die Möglichkeit, mittels Satz 6' eine Erklärung dafür

zu geben, wie ein algebraisches Kriterium von der Art der Haarschen Bedingung die geometrische Eigenschaft der eindeutigen Approximierbarkeit zur Folge haben kann. Um das näher zu erläutern, zitieren wir kurz die Haarsche Bedingung und den Tschebyscheffschen Alternantensatz [7]:

**Definition:**

Ein $n$-dimensionaler Teilraum $V$ von $C[a, b]$ erfüllt die Haarsche Bedingung genau dann, wenn gilt:
Jedes von $o$ verschiedene Element $v \in V$ hat höchstens $n-1$ Nullstellen in $[a, b]$.

**Tschebyscheffscher Alternantensatz:**

Vor.: $V$ sei ein $n$-dimensionaler Teilraum von $C[a, b]$ mit Haarscher Bedingung, $x \in C[a, b] \setminus V$.

Beh.: Es existiert genau ein Element $v_x \in V$ bester Approximation an $x$, und es gibt $n + 1$ Punkte $t_1 < \cdots < t_{n+1}$ aus $[a, b]$, so daß für die Fehlerfunktion $f := x - v_x$ gilt:

$$f(t_\mu) = \|x - v_x\| \qquad \mu = 1, \ldots, n+1$$
$$f(t_\nu) + f(t_{\nu+1}) = 0 \qquad \nu = 1, \ldots, n$$

Wie läßt sich nun der durch diesen Satz beschriebene Sachverhalt zu unserer geometrischen Approximationstheorie in Beziehung setzen? Wir wissen, daß $v_x$ auf dem Rande der Kugel $B(x, d)$ liegt mit $d := \text{dist}(x, V) = \|x - v_x\| = \underset{t \in [a,b]}{\text{MAX}} |x(t) - v_x(t)|$, und daß diese Kugel nicht strikt konvex ist. Bis auf die beiden Extremalpunkte $x + d$ und $x - d$ von $B(x, d)$ gehört jeder Punkt von $S(x, d)$ einem offenen Intervall von $S(x, d)$ an.

Bemerkung:

Gehört dem Teilraum $V$ auch die konstante Funktion **1** an, so kann $v_x$ nicht Extremalpunkt von $B(x, d)$ sein; denn etwa $v_x = x - d \in V$ hätte zur Folge $x \in V + d = V$ im Widerspruch zu $x \in C[a, b] \setminus V$.
Um zu erkennen, wie $v_x$ als Element von $S(x, d)$ genauer charakterisiert ist, betrachten wir den Graphen $\mathfrak{G}(v_x)$ von $v_x$; er ist definiert als Teilmenge des Produktraumes $R \times R$ wie folgt:

$$\mathfrak{G}(v_x) := \{\langle t, v_x(t) \rangle \in \mathbf{R} \times \mathbf{R} : t \in [a, b]\}$$

Der Alternantensatz besagt: Hat der $n$-dimensionale Teilraum $V$ von $C[a, b]$ den positiven Abstand $d$ vom Element $x \in C[a, b]$, so liegt $\mathfrak{G}(v_x)$ in dem durch $x - d$ und $x + d$ gegebenen Streifen:

$$x(t) - d \leq v_x(t) \leq x(t) + d \quad \text{für} \quad t \in [a, b],$$

und es gibt $n + 1$ Punkte $t_1, < \cdots <, t_{n+1}$ aus $[a, b]$, so daß gilt:

(A) $\qquad v_x(t_i) = x(t_i) - e(-1)^i d \qquad i = 1, \ldots, n+1,$

wo $e$ ein Vorzeichenfaktor ist, der den Beginn der Alternierung festlegt. Es gibt also mindestens zwei Punkte aus $[a, b]$, so daß $|x(t) - v_x(t)|$ den Wert $d := \|x - v_x\|$ annimmt; aus dieser Tatsache ist, wie wir im Anschluß an das Korollar zu Satz 7 (29) bemerkt haben, der Schluß zu ziehen, daß $v_x$ kein Flachpunkt von $B(x, d)$ ist. Die Menge $\mathfrak{H}(v_x)$ der abgeschlossenen Stützhyperebenen an $B(x, d)$ im Punkte $v_x$ enthält folglich mehr als ein Element, und Satz 6' (28) ermöglicht eine geometrische Charakterisierung derartiger Punkte $v_x \in S(x, d)$, wenn man im Sinne von Definition 9 (28) feststellen kann, welche Ordnung das Element $v_x$ als Randpunkt von $B(x, d)$ mindestens hat. Es ist also zu untersuchen, wieviele Elemente $u_i$ existieren, so daß die Bedingungen 1), 2), 3) von Satz 6 (25) erfüllt sind; wir behaupten, daß wenigstens $n + 1$ solcher Elemente $u_i$ gefunden werden können; denn es läßt sich zu jedem $i \in \{1, \ldots, n + 1\}$ ein $u_i \in C[a, b]$ angeben mit folgenden Eigenschaften:

a) $$u_i(t) = v_x(t) \quad \text{für} \quad t = t_i$$

b) $$x(t) - d < u_i(t) < x(t) + d \quad \text{für} \quad t \neq t_i$$

Die so erklärten $u_i$ sind offenbar verschiedene Punkte von $S(x, d)$ und erfüllen die gewünschten Bedingungen:

1) Es gilt $u_i \neq v_x$ für $i = 1, \ldots, n + 1$ wegen (A).

2) Es gilt $[v_x, u_i] \subset S(x, d)$ für $i = 1, \ldots, n + 1$; denn wir haben $v_x \in S(x, d)$ und wegen a), b) auch $u_i \in S(x, d)$; ferner gilt für $t = t_i$:

$$v_x(t_i) = u_i(t_i)$$

und

$$d = |x(t_i) - v_x(t_i)| = |x(t_i) - u_i(t_i)|,$$

so daß Satz 7 (29) anwendbar ist und folglich $[v_x, u_i] \subset S(x, d)$ gilt.

Nebenbei sei bemerkt, daß jeder Punkt des halboffenen Intervalls $(v_x, u_i]$ sogar ein Flachpunkt von $B(x, d)$ ist.

3) Es gilt $[u_i, u_j] \not\subset S(x, d)$ für $i \neq j$; denn $u_i \neq u_j$ und $|x(t) - u_i(t)| = |x(t') - u_j(t')| = d$ impliziert $t = t_i$, $t' = t_j$ also $t \neq t'$ und Anwendung von Satz 7 (29) liefert die Behauptung.

Damit haben wir zusätzlich zur Eigenschaft der strikten $(V)$-Konvexität die folgende geometrische Charakterisierung für eindeutige Tschebyscheff-Approximationen gewonnen:

**Satz 8**

Vor.: $(X, \|\,\|) := (C[a, b], \text{MAX})$, $V$ $n$-dimensionaler Teilraum von $C[a, b]$ mit Haarscher Bedingung, $x \in X \setminus V$, $d := \text{dist}(x, V)$.

Beh.: Ist $v_x \in V$ das Element bester Approximation an $x$, so ist $v_x$ ein Randpunkt $(n + 1)$-ter Ordnung von $B(x, d)$.

Anhang:

Numerische Beispiele zur Bestimmung von Intervallen auf dem Rande von Kugeln

1) Strikte $(\varkappa, V)$-Konvexität: $\lim\limits_{\sigma \to 0} D\left[I_\sigma\left(v\varkappa, v\right)\right] = 0$

$V$ linearer Teilraum von $C\left[0, 1\right]$ mit Basis $v(t) = t$

$$\varkappa(t) = \begin{cases} 1 & 0 \leq t < \tfrac{1}{2} \\ -4t + 3 & \tfrac{1}{2} \leq t \leq 1 \end{cases}$$

| $v$ | $\sigma$ | $\|x - y(\sigma, v)\|$ | $\tau^-(\sigma)$ | $\tau^+(\sigma)$ | $D\left[I(v_\sigma, v_{\varkappa_*})\right]$ | Fehler |
|---|---|---|---|---|---|---|
| 1 | 5.000000E-01 | 9.999995E-01 | -1.001106E 00 | 5.000057E-01 | 1.501112E 00 | -3.987509E-08 |
| 2 | 2.500000E-01 | 9.999995E-01 | -5.005549E-01 | 2.500085E-01 | 7.505635E-01 | -2.497393E-08 |
| 3 | 1.250000E-01 | 9.999995E-01 | -2.502770E-01 | 1.250100E-01 | 3.752869E-01 | -3.242451E-08 |
| 4 | 6.250000E-02 | 9.999995E-01 | -1.251380E-01 | 6.251068E-02 | 1.876437E-01 | -2.497393E-08 |
| 5 | 3.125000E-02 | 9.999995E-01 | -6.256852E-02 | 3.126103E-02 | 9.382956E-02 | -3.242451E-08 |
| 6 | 1.562500E-02 | 9.999995E-01 | -3.128378E-02 | 1.563621E-02 | 4.691999E-02 | -3.242451E-08 |
| 7 | 7.812500E-03 | 9.999995E-01 | -1.564141E-02 | 7.823803E-03 | 2.346521E-02 | -3.242451E-08 |
| 8 | 3.906250E-03 | 9.999995E-01 | -7.820226E-03 | 3.917597E-03 | 1.173782E-02 | -3.242451E-08 |
| 9 | 1.953125E-03 | 9.999995E-01 | -3.909633E-03 | 1.964495E-03 | 5.874127E-03 | -3.242451E-08 |
| 10 | 9.765625E-04 | 9.999995E-01 | -1.954339E-03 | 9.879395E-04 | 2.942279E-03 | -3.987509E-08 |
| 11 | 4.882813E-04 | 9.999995E-01 | -9.766892E-04 | 4.996657E-04 | 1.476355E-03 | -3.987509E-08 |
| 12 | 2.441406E-04 | 9.999995E-01 | -4.878640E-04 | 2.555251E-04 | 7.433891E-04 | -3.987509E-08 |
| 13 | 1.220703E-04 | 9.999995E-01 | -2.434552E-04 | 1.334548E-04 | 3.769100E-04 | -3.987509E-08 |
| 14 | 6.103516E-05 | 9.999995E-01 | -1.212507E-04 | 7.241964E-05 | 1.936704E-04 | -3.987509E-08 |
| 15 | 3.051758E-05 | 9.999995E-01 | -6.014854E-05 | 4.190207E-05 | 1.020506E-04 | -3.987509E-08 |
| 16 | 1.525879E-05 | 9.999995E-01 | -2.960116E-05 | 2.664328E-05 | 5.624443E-05 | -3.987509E-08 |
| 17 | 7.629395E-06 | 9.999995E-01 | -1.432002E-05 | 1.901388E-05 | 3.333390E-05 | -4.732567E-08 |
| 18 | 3.814697E-06 | 9.999995E-01 | -6.683171E-06 | 1.519918E-05 | 2.188236E-05 | -4.732567E-08 |
| 19 | 1.907349E-06 | 9.999995E-01 | -2.868474E-06 | 1.329184E-05 | 1.616031E-05 | -3.987509E-08 |
| 20 | 9.536743E-07 | 9.999998E-01 | -1.437962E-06 | 1.907349E-06 | 3.345311E-06 | -5.167122E-07 |

| $v$ | $\sigma$ | $\|x-y(\sigma,v)\|$ | $\tau^-(\sigma)$ | $\tau^+(\sigma)$ | $D[L_\sigma(v_x,v)]$ | Fehler |
|---|---|---|---|---|---|---|
| 21 | 4.768372E-07 | 9.999999E-01 | −7.227063E-07 | 9.536743E-07 | 1.676381E-06 | −7.551308E-07 |
| 22 | 2.384186E-07 | 9.999999E-01 | −3.650784E-07 | 4.768372E-07 | 8.419156E-07 | −8.743401E-07 |
| 23 | 1.192093E-07 | 10.000000E-01 | −1.862645E-07 | 2.384186E-07 | 4.246831E-07 | −9.339447E-07 |
| 24 | 5.960464E-08 | 10.000000E-01 | −9.685755E-08 | 1.192093E-07 | 2.160668E-07 | −9.637471E-07 |
| 25 | 2.980232E-08 | 10.000000E-01 | −5.215406E-08 | 5.960464E-08 | 1.117587E-07 | −9.786482E-07 |
| 26 | 1.490116E-08 | 10.000000E-01 | −2.980232E-08 | 2.980232E-08 | 5.960464E-08 | −9.860988E-07 |
| 27 | 7.450581E-09 | 10.000000E-01 | −1.490116E-08 | 1.490116E-08 | 2.980232E-08 | −9.935494E-07 |
| 28 | 3.725290E-09 | 1.000000E 00 | −1.117587E-08 | 1.117587E-08 | 2.235174E-08 | −9.935494E-07 |
| 29 | 1.862645E-09 | 1.000000E 00 | −9.313226E-09 | 9.313226E-09 | 1.862645E-08 | −9.935494E-07 |
| 30 | 9.313226E-10 | 1.000000E 00 | −8.381903E-09 | 8.381903E-09 | 1.676381E-08 | −9.935494E-07 |
| 31 | 4.656613E-10 | 1.000000E 00 | −7.916242E-09 | 7.916242E-09 | 1.583248E-08 | −9.935494E-07 |
| 32 | 2.328306E-10 | 1.000000E 00 | −7.683411E-09 | 7.683411E-09 | 1.536682E-08 | −9.935494E-07 |
| 33 | 1.164153E-10 | 1.000000E 00 | −7.566996E-09 | 7.566996E-09 | 1.513399E-08 | −9.935494E-07 |
| 34 | 5.820766E-11 | 1.000000E 00 | −7.508788E-09 | 7.508788E-09 | 1.501738E-08 | −9.935494E-07 |
| 35 | 2.910383E-11 | 1.000000E 00 | −7.479684E-09 | 7.479684E-09 | 1.495937E-08 | −9.935494E-07 |
| 36 | 1.455192E-11 | 1.000000E 00 | −7.465132E-09 | 7.465132E-09 | 1.493026E-08 | −9.935494E-07 |
| 37 | 7.275958E-12 | 1.000000E 00 | −7.457857E-09 | 7.457857E-09 | 1.491571E-08 | −9.935494E-07 |
| 38 | 3.637979E-12 | 1.000000E 00 | −7.454219E-09 | 7.454219E-09 | 1.490844E-08 | −9.935494E-07 |
| 39 | 1.818989E-12 | 1.000000E 00 | −7.452400E-09 | 7.452400E-09 | 1.490480E-08 | −9.935494E-07 |
| 40 | 9.094947E-13 | 1.000000E 00 | −7.451490E-09 | 7.451490E-09 | 1.490298E-08 | −9.935494E-07 |
| 41 | 4.547473E-13 | 1.000000E 00 | −7.451035E-09 | 7.451035E-09 | 1.490207E-08 | −9.935494E-07 |
| 42 | 2.273737E-13 | 1.000000E 00 | −7.450808E-09 | 7.450808E-09 | 1.490162E-08 | −9.935494E-07 |
| 43 | 1.136868E-13 | 1.000000E 00 | −7.450694E-09 | 7.450694E-09 | 1.490139E-08 | −9.935494E-07 |
| 44 | 5.684342E-14 | 1.000000E 00 | −7.450637E-09 | 7.450637E-09 | 1.490127E-08 | −9.935494E-07 |
| 45 | 2.842171E-14 | 1.000000E 00 | −7.450609E-09 | 7.450609E-09 | 1.490122E-08 | −9.935494E-07 |
| 46 | 1.421085E-14 | 1.000000E 00 | −7.450595E-09 | 7.450595E-09 | 1.490119E-08 | −9.935494E-07 |
| 47 | 7.105427E-15 | 1.000000E 00 | −7.450588E-09 | 7.450588E-09 | 1.490118E-08 | −9.935494E-07 |
| 48 | 3.552714E-15 | 1.000000E 00 | −7.450584E-09 | 7.450584E-09 | 1.490117E-08 | −9.935494E-07 |
| 49 | 1.776357E-15 | 1.000000E 00 | −7.450582E-09 | 7.450582E-09 | 1.490116E-08 | −9.935494E-07 |
| 50 | 8.881784E-16 | 1.000000E 00 | −7.450581E-09 | 7.450581E-09 | 1.490116E-08 | −9.935494E-07 |

2) Keine strikte $(x, V)$-Konvexität: $\lim\limits_{\sigma \to 0} D[I_\sigma(v_x, v)] \neq 0$

$V$ linearer Teilraum von $C[0, 1]$ mit Basis $v(t) = t$

$x(t) = 1 \qquad 0 \leqq t \leqq 1$

| $v$ | $\sigma$ | $\|x - y(\sigma, v)\|$ | $\tau^-(\sigma)$ | $\tau^+(\sigma)$ | $D[I_\sigma(v_x, v)]$ | Fehler |
|---|---|---|---|---|---|---|
| 1  | 5.000000E-01 | 1.000000E 00 | −5.000000E-01 | 1.500000E 00 | 2.000000E 00 | −1.001000E-06 |
| 2  | 2.500000E-01 | 1.000000E 00 | −2.500000E-01 | 1.750000E 00 | 2.000000E 00 | −1.001000E-06 |
| 3  | 1.250000E-01 | 1.000000E 00 | −1.250000E-01 | 1.875000E 00 | 2.000000E 00 | −1.001000E-06 |
| 4  | 6.250000E-02 | 1.000000E 00 | −6.250000E-02 | 1.937500E 00 | 2.000000E 00 | −1.001000E-06 |
| 5  | 3.125000E-02 | 1.000000E 00 | −3.125000E-02 | 1.968750E 00 | 2.000000E 00 | −1.001000E-06 |
| 6  | 1.562500E-02 | 1.000000E 00 | −1.562500E-02 | 1.984375E 00 | 2.000000E 00 | −1.001000E-06 |
| 7  | 7.812500E-03 | 1.000000E 00 | −7.812500E-03 | 1.992188E 00 | 2.000000E 00 | −1.001000E-06 |
| 8  | 3.906250E-03 | 1.000000E 00 | −3.906250E-03 | 1.996094E 00 | 2.000000E 00 | −1.001000E-06 |
| 9  | 1.953125E-03 | 1.000000E 00 | −1.953125E-03 | 1.998048E 00 | 2.000001E 00 | −1.001000E-06 |
| 10 | 9.765625E-04 | 1.000000E 00 | −9.765625E-04 | 1.999023E 00 | 2.000000E 00 | −1.001000E-06 |
| 11 | 4.882813E-04 | 1.000000E 00 | −4.882813E-04 | 1.999512E 00 | 2.000000E 00 | −1.001000E-06 |
| 12 | 2.441406E-04 | 1.000000E 00 | −2.441406E-04 | 1.999756E 00 | 2.000000E 00 | −1.001000E-06 |
| 13 | 1.220703E-04 | 1.000000E 00 | −1.220703E-04 | 1.999878E 00 | 2.000000E 00 | −1.001000E-06 |
| 14 | 6.103516E-05 | 1.000000E 00 | −6.103516E-05 | 1.999939E 00 | 2.000000E 00 | −1.001000E-06 |
| 15 | 3.051758E-05 | 1.000000E 00 | −3.051758E-05 | 1.999969E 00 | 2.000000E 00 | −1.001000E-06 |
| 16 | 1.525879E-05 | 1.000000E 00 | −1.525879E-05 | 1.999986E 00 | 2.000001E 00 | −1.001000E-06 |
| 17 | 7.629395E-06 | 1.000000E 00 | −7.629395E-06 | 1.999994E 00 | 2.000002E 00 | −1.001000E-06 |
| 18 | 3.814697E-06 | 1.000000E 00 | −3.814697E-06 | 1.999998E 00 | 2.000002E 00 | −1.001000E-06 |
| 19 | 1.907349E-06 | 1.000000E 00 | −1.907349E-06 | 2.000000E 00 | 2.000001E 00 | −1.001000E-06 |
| 20 | 9.536743E-07 | 1.000000E 00 | −9.536743E-07 | 2.000000E 00 | 2.000000E 00 | −1.001000E-06 |
| 21 | 4.768372E-07 | 1.000000E 00 | −4.768372E-07 | 2.000000E 00 | 2.000000E 00 | −1.001000E-06 |
| 22 | 2.384186E-07 | 1.000000E 00 | −2.384186E-07 | 2.000000E 00 | 2.000000E 00 | −1.001000E-06 |
| 23 | 1.192093E-07 | 1.000000E 00 | −1.192093E-07 | 2.000000E 00 | 2.000000E 00 | −1.001000E-06 |
| 24 | 5.960464E-08 | 1.000000E 00 | −5.960464E-08 | 2.000000E 00 | 2.000000E 00 | −1.001000E-06 |
| 25 | 2.980232E-08 | 1.000000E 00 | −2.980232E-08 | 2.000000E 00 | 2.000000E 20 | −1.001000E-06 |
| 26 | 1.490116E-08 | 1.000000E 00 | −1.490116E-08 | 2.000000E 00 | 2.000000E 00 | −1.001000E-06 |
| 27 | 7.450581E-09 | 1.000000E 00 | −7.450581E-09 | 2.000000E 00 | 2.000000E 00 | −1.001000E-06 |

| $v$ | $\sigma$ | $\|x-y(\sigma,v)\|$ | $\tau^-(\sigma)$ | $\tau^+(\sigma)$ | $D[I_\sigma(v_x,v)]$ | Fehler |
|---|---|---|---|---|---|---|
| 28 | 3.725290E−09 | 1.000000E 00 | −3.725290E−09 | 2.000000E 00 | 2.000000E 00 | −1.001000E−06 |
| 29 | 1.862645E−09 | 1.000000E 00 | −1.862645E−09 | 2.000000E 00 | 2.000000E 00 | −1.001000E−06 |
| 30 | 9.313226E−10 | 1.000000E 00 | −9.313226E−10 | 2.000000E 00 | 2.000000E 00 | −1.001000E−06 |
| 31 | 4.656613E−10 | 1.000000E 00 | −4.656613E−10 | 2.000000E 00 | 2.000000E 00 | −1.001000E−06 |
| 32 | 2.328306E−10 | 1.000000E 00 | −2.328306E−10 | 2.000000E 00 | 2.000000E 00 | −1.001000E−06 |
| 33 | 1.164153E−10 | 1.000000E 00 | −1.164153E−10 | 2.000000E 00 | 2.000000E 00 | −1.001000E−06 |
| 34 | 5.820766E−11 | 1.000000E 00 | −5.820766E−11 | 2.000000E 00 | 2.000000E 00 | −1.001000E−06 |
| 35 | 2.910383E−11 | 1.000000E 00 | −2.910383E−11 | 2.000000E 00 | 2.000000E 00 | −1.001000E−06 |
| 36 | 1.455192E−11 | 1.000000E 00 | −1.455192E−11 | 2.000000E 00 | 2.000000E 00 | −1.001000E−06 |
| 37 | 7.275958E−12 | 1.000000E 00 | −7.275958E−12 | 2.000000E 00 | 2.000000E 00 | −1.001000E−06 |
| 38 | 3.637979E−12 | 1.000000E 00 | −3.637979E−12 | 2.000000E 00 | 2.000000E 00 | −1.001000E−06 |
| 39 | 1.818989E−12 | 1.000000E 00 | −1.818989E−12 | 2.000000E 00 | 2.000000E 00 | −1.001000E−06 |
| 40 | 9.094947E−13 | 1.000000E 00 | −9.094947E−13 | 2.000000E 00 | 2.000000E 00 | −1.001000E−06 |
| 41 | 4.547473E−13 | 1.000000E 00 | −4.547473E−13 | 2.000000E 00 | 2.000000E 00 | −1.001000E−06 |
| 42 | 2.273737E−13 | 1.000000E 00 | −2.273737E−13 | 2.000000E 00 | 2.000000E 00 | −1.001000E−06 |
| 43 | 1.136868E−13 | 1.000000E 00 | −1.136868E−13 | 2.000000E 00 | 2.000000E 00 | −1.001000E−06 |
| 44 | 5.684342E−14 | 1.000000E 00 | −5.684342E−14 | 2.000000E 00 | 2.000000E 00 | −1.001000E−06 |
| 45 | 2.842171E−14 | 1.000000E 00 | −2.842171E−14 | 2.000000E 00 | 2.000000E 00 | −1.001000E−06 |
| 46 | 1.421085E−14 | 1.000000E 00 | −1.421085E−14 | 2.000000E 00 | 2.000000E 00 | −1.001000E−06 |
| 47 | 7.105427E−15 | 1.000000E 00 | −7.105427E−15 | 2.000000E 00 | 2.000000E 00 | −1.001000E−06 |
| 48 | 3.552714E−15 | 1.000000E 00 | −3.552714E−15 | 2.000000E 00 | 2.000000E 00 | −1.001000E−06 |
| 49 | 1.776357E−15 | 1.000000E 00 | −1.776357E−15 | 2.000000E 00 | 2.000000E 00 | −1.001000E−06 |
| 50 | 8.881784E−16 | 1.000000E 00 | −8.881784E−16 | 2.000000E 00 | 2.000000E 00 | −1.001000E−06 |

# Bezeichnungen

| | |
|---|---|
| $X$ | Vektorraum über dem Körper der reellen Zahlen $\mathbf{R}$ |
| $(X, |\ |)$ | normierter Vektorraum mit der Norm »$|\ |$«, gegebenenfalls vollständig |
| $A$-Menge | Teilmenge von $(X, |\ |)$, in der ein Element bester Approximation $v_x$ an $x \in X \setminus V$ existiert |
| dist $(x, V) := $ | Abstand des Elementes $x$ von $V := \inf_{v \in V} |x - v|$ |

Rückverweise im Text werden durch Seitenangabe in Klammern gegeben, z. B. Satz 1 (7)
Literaturhinweise werden durch eckige Klammern »[ ]« gegeben.

# Literatur

[1] BERGE, C., Topological Spaces. Edinburgh–London 1963.
[2] BANACH, S., Théorie des opérations linéaires. Monografje Matematyczne, Warszawa 1932.
[3] BLATTER, J., Zur stetigen Abhängigkeit der Menge der besten Approximationen eines Elementes in einem normierten reellen Vektorraum. Dissertation Bonn 1966.
[4] DUNFORD, N., und J. T. SCHWARTZ, Linear Operators I. New York 1958.
[5] KÖTHE, G., Topologische lineare Räume I. Berlin–Göttingen–Heidelberg 1960.
[6] KY FAN, Fixed-point and minmax theorems in locally convex topological linear spaces. Proc. nat. acad. sci. USA 1952.
[7] MEINARDUS, G., Approximation von Funktionen und ihre numerische Behandlung. Berlin–Göttingen–Heidelberg–New York 1964.
[8] RICE, J. R., The Approximation of Functions. London 1964.
[9] SINGER, I., On best approximations of continuous functions. Math. Ann. 1960.
[10] Fixpunkte, Kolloquiumsreihe im IIM 1965. Ausarbeitung von K. LOHMANN, H. J. ORTOLF, J. REINERMANN.

# Forschungsberichte des Landes Nordrhein-Westfalen

Herausgegeben im Auftrage des Ministerpräsidenten Heinz Kühn
von Staatssekretär Professor Dr. h. c. Dr. E. h. Leo Brandt

## Sachgruppenverzeichnis

### Acetylen · Schweißtechnik
Acetylene · Welding gracitice
Acétylène · Technique du soudage
Acetileno · Técnica de la soldadura
Ацетилен и техника сварки

### Arbeitswissenschaft
Labor science
Science du travail
Trabajo científico
Вопросы трудового процесса

### Bau · Steine · Erden
Constructure · Construction material ·
Soil research
Construction · Matériaux de construction ·
Recherche souterraine
La construcción · Materiales de construcción ·
Reconocimiento del suelo
Строительство и строительные материалы

### Bergbau
Mining
Exploitation des mines
Minería
Горное дело

### Biologie
Biology
Biologie
Biologia
Биология

### Chemie
Chemistry
Chimie
Quimica
Химия

### Druck · Farbe · Papier · Photographie
Printing · Color · Paper · Photography
Imprimerie · Couleur · Papier · Photographie
Artes gráficas · Color · Papel · Fotografía
Типография · Краски · Бумага · Фотография

### Eisenverarbeitende Industrie
Metal working industry
Industrie du fer
Industria del hierro
Металлообрабатывающая промышленность

### Elektrotechnik · Optik
Electrotechnology · Optics
Electrotechnique · Optique
Electrotécnica · Optica
Электротехника и оптика

### Energiewirtschaft
Power economy
Energie
Energía
Энергетическое хозяйство

### Fahrzeugbau · Gasmotoren
Vehicle construction · Engines
Construction de véhicules · Moteurs
Construcción de vehículos · Motores
Производство транспортных · Средств

### Fertigung
Fabrication
Fabrication
Fabricación
Производство

### Funktechnik · Astronomie
Radio engineering · Astronomy
Radiotechnique · Astronomie
Radiotécnica · Astronomía
Радиотехника и астрономия

## Gaswirtschaft
Gas economy
Gaz
Gas
Газовое хозяйство

## Holzbearbeitung
Wood working
Travail du bois
Trabajo de la madera
Деревообработка

## Hüttenwesen · Werkstoffkunde
Metallurgy · Materials research
Métallurgie · Matériaux
Metalurgia · Materiales
Металлургия и материаловедение

## Kunststoffe
Plastics
Plastiques
Plásticos
Пластмассы

## Luftfahrt · Flugwissenschaft
Aeronautics · Aviation
Aéronautique · Aviation
Aeronáutica · Aviación
Авиация

## Luftreinhaltung
Air-cleaning
Purification de l'air
Purificación del aire
Очищение воздуха

## Maschinenbau
Machinery
Construction mécanique
Construcción de máquinas
Машиностроительство

## Mathematik
Mathematics
Mathématiques
Mathemáticas
Математика

## Medizin · Pharmakologie
Medicine · Pharmacology
Médecine · Pharmacologie
Medicina · Farmacología
Медицина и фармакология

## NE-Metalle
Non-ferrous metal
Metal non ferreux
Metal no ferroso
Цветные металлы

## Physik
Physics
Physique
Física
Физика

## Rationalisierung
Rationalizing
Rationalisation
Racionalización
Рационализация

## Schall · Ultraschall
Sound · Ultrasonics
Son · Ultra-son
Sonido · Ultrasónico
Звук и ультразвук

## Schiffahrt
Navigation
Navigation
Navegación
Судоходство

## Textilforschung
Textile research
Textiles
Textil
Вопросы текстильной промышленности

## Turbinen
Turbines
Turbines
Turbinas
Турбины

## Verkehr
Traffic
Trafic
Tráfico
Транспорт

## Wirtschaftswissenschaften
Political economy
Economie politique
Ciencias económicas
Экономические науки

Einzelverzeichnis der Sachgruppen bitte anfordern

 Springer Fachmedien Wiesbaden GmbH

If you have any concerns about our products,
you can contact us on
**ProductSafety@springernature.com**

In case Publisher is established outside the EU,
the EU authorized representative is:
**Springer Nature Customer Service Center GmbH
Europaplatz 3, 69115 Heidelberg, Germany**

Printed by Libri Plureos GmbH
in Hamburg, Germany